因着材料的单纯，品尝得到清爽的自然之味
用心坚守的制作，展现职人执着酝酿的好味

欧式面包
手作全书

游 东 运 / 著

海峡出版发行集团 | 福建科学技术出版社
THE STRAITS PUBLISHING & DISTRIBUTING GROUP | FUJIAN SCIENCE & TECHNOLOGY PUBLISHING HOUSE

/ 作者简介 /

游东运

85后，拥有13年以上专业面包职人经历，
现任统一集团烘焙开发部高级研究员。
凭着对面包的热情以及毅力，
持续钻研，精进技艺。
专精欧法面包，
以独特的风格开发出多款大获好评的面包，备受瞩目；
更积极挑战世界竞赛，在选拔大赛中大放异采。
担任企业研发技术顾问，
并致力于全台烘焙教室的面包教学，
以易懂的方式教授欧法面包的制作，广受大家的肯定与支持。

/ 比赛经历 /

· 2019年度世界面包大赛（Mondial Du Pain）台湾区选拔赛冠军
　注：至本书出版时，本年度世界决赛尚未进行
· 2017年度世界面包大赛（Mondial Du Pain）台湾区选拔赛亚军
· 2015年统一烘焙王争霸赛与人气王双料冠军
· 2015年度世界面包大赛（Mondial Du Pain）台湾区选拔赛季军
· 2014年世界烘焙大赛预赛（路易·乐斯福杯，Coupe Louise
　Lesaffre）台湾区选拔赛优胜

/ 业界经验 /

· 台北威斯汀六福皇宫
· 厦门黑面蔡研发技术顾问
· 丰盟面粉技师
· 舒麦尔食品有限公司
· 熏麦手感烘焙技术顾问
· 85度C
· 德多屋
· 五谷杂粮烘焙坊
· 全台各大烘焙教室讲师

特别感谢.

本书能顺利拍摄完成，特别感谢陈志煜、李孟煌、赖建翰、陈湘俊、张筱彤、蔡俊志师傅的协力
制作，以及"全国食材广场"公司、美日食品有限公司、纬柏国际贸易有限公司的材料提供。

Bread

拥有十来年的面包职人生涯的东运，年轻入行，打从做学徒时起，每日勤奋学习，精进修业，并勇于任事。

职技生涯中，不断反复磨练自己所学，不耻下问，平日追求新知，不断透过阅读，学习当前新兴烘焙概念、技术……长年下来，奠定自身非凡扎实深厚的基础功夫与完熟的烘焙概念。

在职人生涯中，已在同辈中属顶尖面包职人时，并未放下学习，反而不断地钻研世界各国烘焙产业发展与前景，不断实验、试做，找寻适合台湾环境的烘焙模式。近年除工作外，勇于接受各种烘焙挑战，而荣获2015年世界面包大赛台湾地区代表选拔季军、2014年世界杯面包大赛台湾地区代表优胜的殊荣！

东运将自己多年面包制作经验与教学经验写成此书。内容包含各式欧法面包，并依台湾天候风土，考量规划、设计面包食谱，以维持上乘的面包滋味与口感……此书既供专业职人进修所需，更为一般想要在家烘焙面包的读者设想，精准的配方与详细的操作技巧，完全披露于此书。让您在家也能烘焙出专业水准的面包。喜欢烘焙的读者，千万不要错过！

菲律宾面包企业BREADERY经营者兼研发

从 认识东运到现在，我对他的职业精神印象很深，为了道地滋味的极致追求，他兢兢业业地不断研修与摸索，锻炼自己在面包的知识技术，并通过来自各方的交流、见习，拓展自己的视野，他的毅力与付出的努力让我感动不已。

从接触传统面包，到追求深层的道地滋味，他因着面包，视野与世界越来越宽广；对于面包的高度热情，一路的成绩大家有目共睹，现在，看着一本集结他多年工作、教学经验的书即将出版，亦师亦友的我深感荣幸。

专精于欧法面包的他，即将把累积所学，无私地分享经验与秘诀。我相信，在"要让更多的人了解面包烘焙的制作原理"这样的立意前提下，这本书一定能带给同好，以及有志成为专业面包师傅的读者们以无限的助益。

パン（面包）达人手感烘焙创办人

莊鴻銘

在 我眼中，东运为人谦虚，对烘焙充满了热情与执着，尤其对欧式面包的技术以及天然酵母的运用，有着独到的见解。他善于就材料、制法等各个角度切入，从中寻求最适合的相互搭配；以有所坚持的面团，制作出丰富滋味的美味面包。

这些年看着东运逐步迈向成功，在这本书中他又将以往所学与经验毫不保留地与大家分享，我也深引以为荣。这本书中除了有多款最具代表、别出心裁的欧法面包外，在讲究滋味的细节中也提供了相关的经验技术，当然也不乏各种天然酵母的培养知识，让面包爱好者能更进一步感受各种谷类制作的最佳风味。

书中结合详细完整的图解示范，实用性极高，非常具有参考价值，相信不论对烘焙初学者，还是专业职人，都是很好的参考指导。

经国管理暨健康学院助理教授

文世成

制作之前

★ 面团发酵所需时间会随季节及室温条件而有所差异，制作时请视情况斟酌调整。

★ 计量要准确，水量可视实际情况斟酌调整！揉捏面团时要轻柔小心。面团发酵时表面要覆盖保鲜膜（或湿布），不可让其表面变干燥。

★ 烤箱的性能会随机种的不同有差异；书中标示的时间、火候仅供参考，请配合实际情况作最适当的调整。

★ 每款面包各有不同特色。书中对每款面包的制作难易度以记号标示，供参考。

目 录

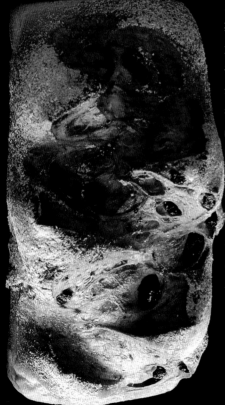

面包制作的工具

电子磅秤
测量材料重量的基本配备，使用电子磅秤能更准确地测出精细的分量。

打蛋器
用于搅拌、打发或混合材料，以钢丝圈数较多的为佳，较好操作。

切面刀、刮板
用来切、拌、整理面团，包括刮起黏在台面上的面团进行整合。

搅拌盆
混合材料或发酵面团时使用的容器，最常使用不锈钢材质，也有玻璃等材质。

橡皮刮刀
用于搅拌混合，或刮净粘在容器内壁上的材料。弹性高、材质耐热的为佳。

擀面棍
用来擀压、延展面团，或整形时将面团内部的气体排出等。

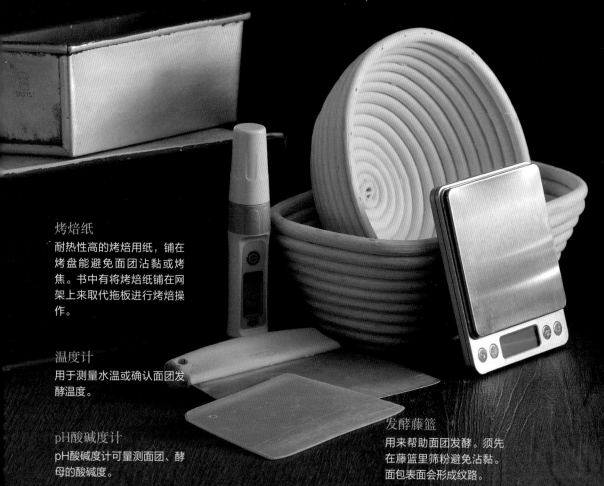

烤焙纸
耐热性高的烤焙用纸，铺在烤盘能避免面团沾黏或烤焦。书中有将烤焙纸铺在网架上来取代拖板进行烤焙操作。

温度计
用于测量水温或确认面团发酵温度。

pH酸碱度计
pH酸碱度计可量测面团、酵母的酸碱度。

发酵藤篮
用来帮助面团发酵。须先在藤篮里筛粉避免沾黏。面包表面会形成纹路。

割纹刀
具有薄且锐利的刀锋，用于切划面团表面的裂痕。

压模
用于压塑面团，让面包具有花样造型。

吐司模
烘烤吐司面包使用的模具。本书使用的吐司模有900克、300克的。

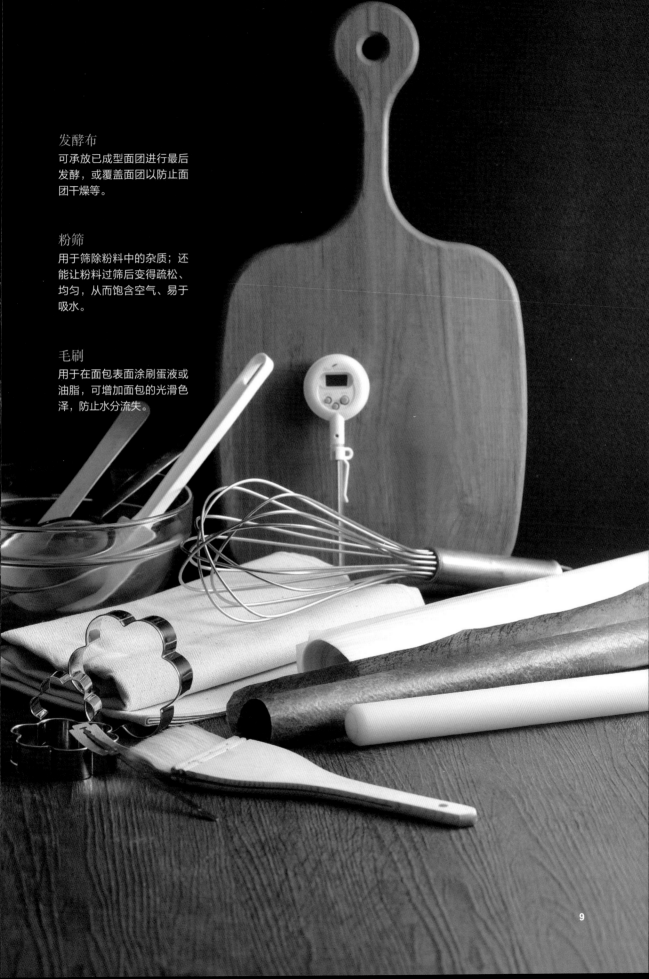

发酵布

可承放已成型面团进行最后
发酵，或覆盖面团以防止面
团干燥等。

粉筛

用于筛除粉料中的杂质；还
能让粉料过筛后变得疏松、
均匀，从而饱含空气、易于
吸水。

毛刷

用于在面包表面涂刷蛋液或
油脂，可增加面包的光滑色
泽，防止水分流失。

9

面包制作的材料

法国粉
法国面包专用粉，可生成道地的法包风味。其型号是以灰分（矿物质）的含量来分，例如T45粉，灰分含量就是0.45%。

全麦粉
普通面粉只使用麦粒的胚乳部分磨成，而全麦粉在磨制时还保留了胚芽和麦麸，从而富含纤维与矿物质，但口感较粗糙。常搭配高筋面粉使用。

速溶干酵母
不需要先用水泡开，而可以直接投入面粉中，加水搅拌后生效的酵母。

高筋面粉
硬质小麦研磨成的面粉，蛋白质含量高，会让面团形成强韧的筋性，是制作面包的基本用粉。

裸麦粉
裸麦即黑麦。裸麦粉不易产生筋性，揉好的面团粘手；制成的面包扎实而厚重，具有独特的香气与酸味。

低糖干酵母
相较于一般干酵母，低糖干酵母发酵力更强，适用于含糖量较低的欧式面包的制作。

胚芽粉
这种粉直接使用的话会影响发酵的状况，必须烤过后再使用。

荞麦粉
呈棕褐色，带有沉厚的麦香，营养丰富，可与面粉搭配运用。

麦芽精

大麦芽的发酵产物，在面团中用作酵母的养分，促进发酵作用。它很浓稠，可先溶于水，再投入面粉中使用。

编者注：烘焙用麦芽精现在已经不难通过网络购买到，例如有科麦、芝兰雅等公司经销的产品。

细砂糖

可助发酵，增添面包的蓬松感。可提高面包的保湿性，使面包口感维持柔软湿润，有效延缓老化。

蜂蜜

具特殊风味，能让面包质感湿润，并增添漂亮的烘烤色泽。

盐

可调节面团的发酵过程，促进麸质结构的形成，使面团变得更稳定。制作欧包时，通常按面粉重量的约2%来添加。

蛋

能让面团保有湿润及松软的口感，增添营养及风味。将其涂刷在面团表面能增添面包光泽，烤出漂亮色泽。

红糖粉／粒

具有特殊的浓郁香甜气味。粉末状的较固体状的更方便使用。

编者注：大陆民众说的"红糖"，一般就是台湾民众说的"黑糖"，都是指黑褐色的、未提纯增白的蔗糖。本书从繁体中文版翻为简体中文版时，将原文"黑糖"改为"红糖"。

高熔点奶酪丁

耐高温烘烤，不会在烘烤中熔化流失，可作为内馅使用。

鲜奶

可增添面包的浓郁香味，提增润泽感；也可替代面团中的水分，这么做时必须注意计算用量。

动物性淡奶油

带有浓醇的乳香，适用于口味浓郁的面包。淡奶油容易变质，保存上须格外注意。

无盐黄油

可增进面团的延展性，促使面团膨胀、变得柔软，形成富有弹性的松软面包。

奶油奶酪

带有细致的乳酸味，能衬托出食材的清爽。适合搭配水果干或调制馅料。

杂粮粉

使用多种高纤谷物磨成，色泽深、麦香味浓，营养价值高，带有强烈风味。

增添风味的
坚果、果干

坚果、果干等配料可为面包的口感风味赋予变化。
但使用时必须注意用量，
添加过多会降低面团筋性，影响膨胀。
原则上坚果类食材须预先烤过再使用，
果干类食材可先通过浸泡使其饱含水分、再运用。

松子

葵花子

大燕麦片

南瓜子

荞麦粒

亚麻籽

核桃

水滴巧克力

黄金荞麦脆片

杏仁片

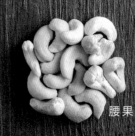
腰果

葡萄干

草莓干

凤梨干

无花果干

蓝莓干

青提子

樱桃干

杏桃干

蜂蜜丁

番茄干

蔓越莓干

香蕉干

芒果干

洛神花

13

增添风味的
乳制品、其他

凝缩成块的乳酪制品，口感、风味各异，
除了用芳醇柔和的乳香为面包提升香气外，
还能带来特有的柔软口感。
可融入面团使用，也可用来涂抹面包、制作夹层，
分别都能呈现绝佳风味，与纯朴的面包相当契合。

高熔点奶酪丁
具有浓郁的奶酪香，略有劲道，耐高
温烘烤，可用于内馅。

奶油奶酪
质地绵密、滑口，口味醇厚，带特殊微
酸味，常用于糕点或作为抹酱、内馅。

帕玛森奶酪
带醇厚香气。常磨成粉或刨成丝来使
用。

双色披萨奶酪丝
质地柔软，带有丰富、温和的乳香味与
咸香味。烤后具拉丝特性。

马苏里拉（Mozzarella）奶酪
外观呈椭圆状，密封在乳清或盐水袋
中保鲜，质地柔软、富弹性，加热后可
展延拉丝。
编者注：以上所述浸泡在水中的类型较
不常见，呈白色。还有一种类型是更为常
见的，为块状包装，淡黄色。

卡蒙贝尔（Camembert）奶酪
外层包覆一层白霉，内芯为乳黄色，质
地柔软，口感滑顺，带咸味。

烟熏鸡肉
经过熟化处理，带有淡淡烟熏味，可
用作三明治馅料或沙拉配料。

烟熏鲑鱼
带有特殊香气，咸香适中，口感清爽
滑嫩，常用作面包馅料或沙拉配料。

火腿片
腌熏制品，带有特殊的风味，用于料理
或用作面包馅料都非常适合。

德式脆肠
具烟熏香味，口感扎实，可搭配生菜、
奶酪、面包食用。

增添风味的
酒类、其他

水果的酸味与酒类的香气可以搭配出绝妙的风味！
选择特殊香气的酒浸渍水果干，
再融合到面团中，能带出独特的香气及甜味，
让面包的风味层次更加丰富深邃。

醇黑生啤酒
浓郁滑顺，带浓厚的大麦香味。用于面团中，啤酒中的酒精与糖再经过面粉酵母的作用，可以带出面团特有的清香。

卡鲁哇（Kahlua）咖啡香甜酒
以白兰地为基酒添加墨西哥咖啡、可可及香料制成，风味独特的咖啡香甜酒。
编者注：也称为甘露咖啡力娇酒。

覆盆子伏特加
带有覆盆子的醇熟的风味香气，余韵醇厚。

覆盆子利口酒
带有黑莓与樱桃的酸甜口感。适用于慕斯甜点等。

百利（Baileys）香甜奶酒
以淡奶油结合爱尔兰威士忌，调配香草、可可制成，带有浓郁口感及香气。

伯爵红茶
融合数种茶叶磨成细末，香气醇厚。冷泡湿润后即可投入面团使用。

玫瑰花茶
带有清雅的香气。取细末冷泡浸湿后即可投入面团使用。

面包制作的必备知识

质硬、具嚼感的欧法面包，材料单纯，制程不复杂，
简单地以面粉、水、盐为主要材料，添加少量酵母，经长时间发酵、烘烤，
就能产生别具香气、口感的面包。

尽管材料与制程较简单，但做法的差异，会带出不同的风味口感，
因此面粉的品质、面团制作的技巧，就成了美味的关键。

书中以直接法、水合法、隔夜中种法、隔夜液种法、鲁邦液种法等方式，
制作各式风味的欧法面包。

后面将让您从基本流程开始，了解面包制作的方式，教您用双手找出面团最佳的状态，
让您在家也能做出带有迷人香气、完美气泡组织，以及酥脆外皮的欧法面包！

1. 面团的搅拌制作

搅拌揉面的意义

　　面粉混合水等材料充分搅拌后，会形成具弹力的面筋，此时进行发酵，面团就会膨胀且变得柔软。搅拌充足的面团在轻轻延展后能拉出带有弹性的薄膜，可由此状态判断搅拌完成与否。

　　依不同的面包特性，面团的搅拌程度有所不同，以低糖低油的硬质面包来说，为保留扎实的口感，不必搅拌至可以拉出很薄很透的膜，并且减少搅拌时间也有利于保留麦香。

　　就面团的完成度，搅拌作业可分为以下几个阶段。

控制面团的温度

　　面团的温度会影响发酵，因此搅拌好的面团的温度要控制在适宜酵母活动的范围。为此，可以在搅拌中根据气温及室温选用适合的水温，例如，夏天使用冰凉水，冬天使用温水。搅拌完成时，面团温度以25℃为理想状态，可用温度计插入面团中央测出温度。

　　冰凉水的温度控制在4℃为最佳；若怕温度太高，也可将其中1/3水量改为碎冰。

A. 混合搅拌

　　将粉类、水、酵母放入搅拌缸中，慢速搅拌，混合均匀，至粉类完全吸收水分。

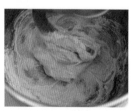

· 水量应视粉类混和的情况调整，避免面团太过湿黏。

· 用慢速搅拌至粉类完全吸收水分，再转快速搅打至形成面筋。

B. 拾起阶段

　　粉类与液体结合成块状面团，面团不具弹性及伸展性，外表粗糙、湿黏，会粘在搅拌缸上。

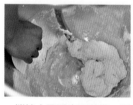

· 搅拌中面团表面黏糊，因此可用刮板刮起粘在缸壁的面团，投入继续搅拌。

· 用手拉开面团，面团会出现扯断的状态，外表粗糙湿黏，因此还未形成面筋。

C. 面团卷起

材料完全混合均匀，面筋组织形成，但面团表面仍粗糙无光滑感，面团还会黏着在搅拌缸、搅拌钩上，拿取时还会黏手。

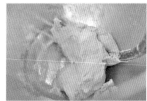

・盐会抑制发酵，因此应避免与酵母直接接触，可在此时加入搅拌。

・用手拉开面团，面团会出现扯断的状态，表面尚粗糙湿黏。

D. 面筋扩展

此阶段可投入黄油，搅拌至油脂与粉类完成融合，面团柔软、有光泽、具弹性，用手撑开面团会形成不透光的皮，破裂口边缘呈不规则的锯齿状。

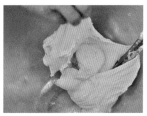

・油脂会影响面团的吸水以及面筋结构的扩展，因此黄油必须等到面筋的网状结构形成后再加入。

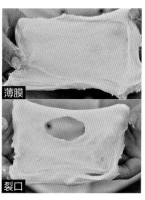

薄膜

裂口

・用手拉出面皮，面皮有筋性、不易拉断；继续撑开形成裂口，可看到裂口边缘不光滑。

E. 完全扩展

面筋组织已经完成，面团柔软、光滑，富有弹性、延展性，用手撑开面团会形成透光的薄膜，破裂口边缘光滑。

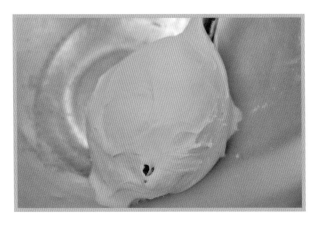

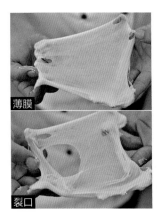

· 用手撑开面团，会形成透光的薄膜，且裂口边缘光滑。

薄膜

裂口

如果再往下搅拌，则面筋反而会断裂，面团失去弹力，会完全瘫软。

2。面团的各阶段发酵

面团发酵的原理

面团搅拌好后，其内存在的酵母开始分解原料，制造二氧化碳、酒精及有机酸等物质。其中二氧化碳是气体，被面团中富弹性的网状组织（面筋）包覆其中，就造成了面团的膨胀。

A. 基本发酵

面团发酵时面筋组织会吸收水分，面团表面就会变得干燥，因此，可将面团放置在容器中，加盖或覆盖略微湿润的布，防止其表面结痂变硬。将面团放置室温下待其膨胀至原体积的2～2.5倍大。基本发酵完成与否，可通过适度按压面团，感受其弹性状态来判断。

A-1 面团发酵的环境

面团搅拌完成的温度、发酵环境温度等，会影响面包完成的状态。温度过低时，发酵缓慢；反之则发酵过快，最后发酵过度。书中面团室内发酵温度设定在27~28℃范围内。在面团发酵过程中，可依据室温及面团膨发状态调整条件，像是在温度偏低的情况下，可将面团放置温暖处帮助发酵；温度偏高时，则可调降室温，同时缩短发酵时间。

／发酵的温度／

面团的发酵状态会受环境条件的影响，因此，放在能维持恒定温度与湿度的发酵箱内发酵最为理想。若放在室温下发酵，须整备环境，注意保持适切的室温及湿度。

书中的发酵环境设定：法式面包在室温下发酵，室温27~28℃；欧式面包用发酵箱发酵，夏天温度30~32℃、相对湿度约70%，冬天温度30℃、相对湿度约75%。

A-2 面团发酵良好的状态

发酵良好的面团，表面细致光滑（食材水分完整地保留在面团中），质地轻盈（空气均匀地分布在整个面团中），筋性紧实，有弹性。可用手指进行下面的弹性测试，来判断面团是否已达理想状态。

手指测试

手指沾少许水（或沾面粉）轻轻戳入面团中，抽出手指，观察凹洞的状态。

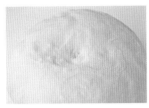

◁ 发酵不足。手指凹洞立刻回缩，又呈平面状。

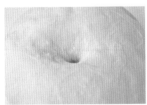

◁ 发酵完成。手指凹洞无明显变化。

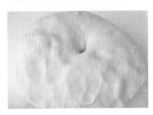

◁ 发酵过度。手指戳下后连同周围的面团都发生塌陷，还有气泡冒出。

A-3 翻面——压平排气

翻面（压平排气），就是对发酵中的面团施以均匀力道的轻拍按压，再翻折面团。轻拍按压可以让面团发酵较快的表层部分的气体得以排出，翻折可以让面团包覆新鲜的空气，并使面团底部发酵较慢的部分换到上面，从而使面团内部温度均衡，发酵均匀，还能提升面筋张力，让烤焙后的面包更加蓬松。

三折叠的翻面方法

1. 用手轻拍按压面团使其平整。

2. 将面团从一侧向中央折叠起1/3。

3. 另一侧也向中央折叠起1/3。

4. 再从自己方向前折叠起1/3。

5. 再向前对折叠起。

6. 将整个面团翻过来，使折叠收合的部分朝下。

B. 中间发酵

分割、滚圆（见后面第3点）后的面团会稍紧缩、筋度变得较差，经过静置发酵，紧缩的面筋组织可以得到松弛，让面团恢复延展性、弹性，从而便于后续的整形。倘若制作中省略这个程序，就将还呈紧缩状态的面团加以整形，那么面团易因拉扯造成表面的粗糙及破裂。中间发酵的时间依面团的种类、大小不尽相同，判断发酵是否充分时，可稍按压面团感受弹力，若提起手指后，凹洞无明显变化、形状维持，即可。

静置

滚圆后的面团，不宜立即进行整形，应先静置，待恢复延展性。

3. 面团的基本分割

C. 最后发酵

整形（见后面第4点）后的面团，需通过重新发酵来恢复弹性，这样烘烤后才能呈现漂亮的外形。若少了最后的充分发酵，则面团在烘烤时无法延展，就无法形成松软膨胀的面包；然而也不是发酵越久越好，一旦发酵过度，烤好后的面包容易有形状歪斜或塌陷的情形。判断面团是否发酵到最佳状态，可用手指按压感受弹力，若提起手指后，凹洞无明显变化、形状维持，即可。

／发酵帆布／

1. 将发酵帆布折出凹槽，可隔开两侧的面团，避免面团粘黏，或向两侧塌陷。

2. 表面覆盖发酵布（防止面团水分蒸发变干燥）。

／发酵藤篮／

1. 在藤篮里均匀筛洒面粉（防止粘黏）后，放入面团。

2. 在藤篮里发酵后的面团，表面会呈现漂亮的纹路。

分割

总面团发酵完成、体积膨胀后，须按每颗面包的大小进行分割。每种面包的造型不同，所以面团分割的形状也会不同，但不论分割为何种形状，都要尽可能减小断面，所以切割时要一次利落地切开，同时避免按压、拉扯等对面团造成损伤。

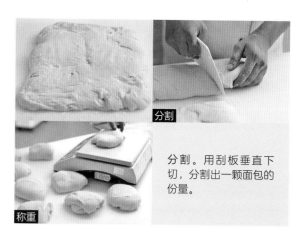

分割

称重

分割。用刮板垂直下切，分割出一颗面包的份量。

滚圆

分割好的面团应随即进行推滚，或轻轻折叠成团，并让收合口黏合紧密、置于面团底部，最终使面团表面呈现张力均匀的状态，而后进入中间发酵。

滚成圆球形。按压拍平后，将面团往前翻折，聚拢收合口并捏紧，最后将收合口朝下、滚成圆球形。

滚成长条形。按压拍平后，将面团翻折收合，最后将收合口朝下，滚成长条形。

4。面团的整形手法

基本的整形法

╱整球形╱

1. 面团轻拍成圆片状，对折。

2. 转向纵放，再对折。

3. 轻拍扁。

4. 将面团四周朝中间捏合。

5. 捏紧收合口。

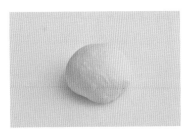

6. 收合口朝下，整形成圆球。

╱整椭球形╱

1. 面团轻拍成圆片状，对折。

2. 转向纵放，再对折。

3. 轻拍扁，向中间捏合。

4. 收合口朝下，整形成长条。

5. 搓揉两端。

6. 整成椭球形。

╱整橄榄形╱

1. 面团轻拍成长片状，翻面。

2. 从前端向下卷，以手指塞卷密合。

3. 将前部两端微朝中心卷塞收合。

4. 翻面。

5. 推压收口使之确实密合。

6. 整成橄榄形。

╱整棍子形╱

1. 将面团用手掌均匀轻拍，翻面。

2. 从己侧向中间折1/3，用拇指压紧接合处。

3. 将面团前端向内翻，再带动面团整个翻过来。

 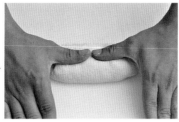 

4. 用拇指向前推，又使收合口朝上，顺势压紧收口合。

5. 轻拍按压。

6. 再对折面团，按压接合口使其确实黏合。

7. 手放中间，边滚动面团边朝两端延展。

  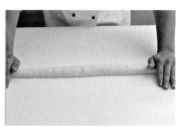

8. 整形成短棍。

9. 将面团两侧反向滚动，延展长。

10. 整成长棍形。

5。烘烤完成、保存

割纹

在基本整形后的面团表面割划条纹，不仅能装饰外观，还可让面团释放多余的气体，以后在烘烤中能维持稳定的膨胀，让出炉的面包形态美观。面团进行割纹的时间，原则上是在烘烤前；切划的深度依面团的发酵程度而定，基本上发酵得越久、膨胀得越大，则切口越浅。

割纹刀的拿法，以倾斜45度、边角下刀为最理想，这样划出的线条会较漂亮。

1. 割纹刀摆放在面团表面。

2-1. 刀柄向上提起约成45度角。

2-2. 上图状态的俯视图。如果直接这样划入，则烘烤后割纹处的胀开不太明显。

3. 俯视图，刀片向一侧倾斜，像削皮似地划入面团，这样烘烤后割纹处会像法棍上那样明显地胀开。

烘烤、冷却

在伴有蒸汽的高温烘烤下，面团迅速膨胀。外层表皮会薄薄地延展开，形成带有保护作用的薄膜，延缓干燥硬化，烘烤完成后则变得酥脆且具光泽。但要注意的是，蒸汽过多的话，表皮反而会变得过韧。

烘烤时蒸汽会流失，因此须分阶段加入蒸汽：面团放入烤箱前注入前蒸汽，烘烤过程中再补充后蒸汽。

一般烤箱内部的温度各处不均匀，为了让成品能够受热均匀，在烤焙过程中会就面团上色状况（一般在烘烤至八成时）调转烤盘方向来调整。

／烘烤／

书中使用的烤箱是高能、具热循环功能的专业烤箱。

送入烤炉时，可使用木铲来移动面团，或用铺垫烤焙纸的网架来移动。

食用、保存

表皮越细致越薄的面包越容易干燥，保存期限越短，很快就会丧失口感、新鲜度；至于表皮厚、组织密实的面包，可维持较久的柔软、润泽口感，在不切开成片的情况下可保存较长的时间。

成份单纯的欧法面包，以冷冻保存约可存放7天。保存时，最好能装在材质稍厚的塑料袋里，或用密封盒装好，送入冷冻室。避免冷藏，那样水分会蒸发，质地变干硬。

用一般烤箱进行蒸汽烘烤

蒸汽烘烤是硬式面包主要的烤焙方式。若您使用一般的家用烤箱，则可用下面的方法产生蒸汽，烤出酥脆、带光泽的外皮。

方法 取一些重石（例如小鹅卵石）放在金属容器中，放入烤箱内预热，当温度够高时，注热水于容器中，同时放入面团，面团就能在高温、充满蒸汽的环境里烘烤。

／出炉冷却／

面包出炉时，应放置凉架上散热，让面包内多余的水汽能及早散发，以免酥脆的表层因水汽的堆积而潮湿软化。

提升风味口感的发酵种法

制作面包有许多不同的揉合及发酵方法，
主要可分为：
将全部材料一次搅拌形成面团的"直接法"；
使用液种、法国老面、中种、自制酵母种等的发酵种，多次混
合面粉形成面团的"发酵种法"。
这里针对本书中的配方做法，介绍欧法面包的基本制法。

发酵种法

发酵种法，是以部分粉类、水和酵母先做成面团，让它发酵成为发酵种，再加入其余粉类、食材制作成整颗面团的做法。发酵种依状态的不同，有稠状的液种与固态的团状两种。预先做好的发酵种可减少基础发酵的时间，并为面包带来特色的风味。

中种法

先将部分材料混合发酵（做成中种），再加入其他材料搅拌（做成主面团）后继续发酵，这种二阶段式的做法就叫中种法。

由于发酵时间长，淀粉糖化得充分，因此做出的面包特有深层的风味，有分量感，充满发酵品的香味，其柔软的内层也较不易干硬，可保存更久。

中种法依发酵时间长短，又可分为当天发酵中种法、隔夜发酵中种法。

水合法

水合法（Autolyse）又称自我分解法。此法开始时先混合材料中部分的粉类、水，放置一段时间（不加盐、酵母），让面粉吸收水分产生筋度后，再添加酵母、盐等其他材料，继续揉和。

这种制法可让面粉完全吸收水分，发展出筋度，促使制成的面团延展性变佳，并能缩短最终揉面的时间。

适用于含有高比例谷物粉的配方，可提升保水性，让面包口感润泽、不干燥。

直接法

将所有材料依先后次序一次混合搅拌，而后发酵的做法，是最基本的发酵法。简单的制程能发挥原有材料的风味，让面团释出丰富的小麦香。适合副材料较少、口味单纯的面包。

由于发酵时间较短，制成的成品老化的速度较快。

鲁邦种法

鲁邦种（Levain）法，是用附着于面粉中的菌种制作发酵种，是法式面包制作的主流。鲁邦种有液态面糊、固态面团两种形式。其最大的特色在于有微酸的发酵味，可增加面包味道的深度，完全衬托出谷物本身的风味，与发酵所形成的香气。

法国老面法

从使用的法国面团中撷取部分，经过一夜低温发酵制成法国老面，具备稳定的发酵力，再加入其他材料做成主面团。适用于任何类型的面包制作，能酿酵出微量的酸味及甜味，让面包带有柔和的美味。

书中使用的法国老面，是将搅拌好的面团经30分钟基本发酵后，冷藏发酵16小时以上制成。

天然酵母种法

使用蔬果、谷物上的菌种培养出酵母液，再混合面粉制作成原始酵种，之后定期添加面粉与水来喂养、维持活性（续种），使用这样的酵种做面包就是天然酵母种法。自制天然酵母的种类很多，各有独特的风味及不同的发酵力，能丰富面包的味道。书中使用葡萄干培养出葡萄菌水及葡萄酵种使用。

液种法

液种（Poolish）法，是将材料中部分面粉、酵母、水混拌后（此阶段不加盐，否则易使发酵物变质），低温长时间发酵，做成含水量高的液态酵种，隔日再添加入其余的材料再次揉和的制法。

液种的水分较多，能提升酵母的活性，可缩短主面团发酵的时间。做好的面包质地细致，带浓郁的小麦香气。非常适合硬质、低糖油成分的面包的制作。

裸麦种法

裸麦也叫黑麦。裸麦种是以葡萄菌水、蜂蜜为发酵液，再加入面粉、裸麦粉混合培养而成的发酵种。由于其中含有高活性乳酸菌，所以培养出的发酵种带有明显的酸味，制成的面包有股特殊的酸味与香气。它常运用于裸麦面包的制作。

养菌种、酿酵美味

A 葡萄菌水

材料

饮用水1000g、葡萄干（无油）500g、细砂糖250g、麦芽精15g

做法

1. 准备工具。为防止杂菌繁殖，用具须先消毒。

2. 将水（约25℃）、麦芽精、细砂糖搅拌溶解，加入葡萄干混合拌匀。（须使用未经表层处理加工的葡萄干制作，以使用其表层的细菌。此外，含油的葡萄干也无法发酵。）

3. 盖紧瓶盖，室温（约25℃）发酵约24小时，轻摇晃再静置24小时。

4. 每天轻摇晃瓶子让葡萄干均匀分布，再打开瓶盖让瓶内的气体释出，再盖紧，继续室温发酵，连续7天。

5. 发酵过程状态。第1天。

第2天。

第3天。

第4天。

第5天。

第6天。

6. 滤取葡萄菌水。重复操作约7天后，沉在瓶底的葡萄干渐渐地膨胀、浮起，并散发水果酒般的香气。用网筛滤出水即可使用。

完成的葡萄菌水应尽早使用完毕（7天内），以避免酵母活力及风味降低。

续葡萄菌水

材料

饮用水1000g、葡萄干500g、细砂糖250g、麦芽精15g、葡萄菌水100g

做法

同葡萄菌水的制作，酝酿发酵时间可缩短为4天。

玻璃瓶沸水消毒法

发酵用的玻璃瓶和其他搅拌器具须事先用沸水氽烫过消毒，再倒扣凉架上使其完全干燥（或喷75%酒精并擦拭干净），以防止杂菌孳生导致发霉。

做法

1. 清洗干净。
2. 煮沸消毒。
3. 倒扣风干。
4. 完全干燥。

葡萄种

材料

高筋面粉1000g、葡萄菌水900g

做法

1. 准备材料。

2. 将高筋面粉加入葡萄菌水。

3. 搅拌混合均匀至表面光滑成团（面温25℃）。

4. 放入容器中，盖紧密封，室温（约25℃）静置发酵约16小时。

5. 面团发酵完成。

6. 内部组织结构。

B 鲁邦种

第1天

1. 准备材料：法国粉300g、饮用水300g、麦芽精3g、盐3g。

2. 将水（25℃）、麦芽精先溶解均匀，加入其他材料搅拌至无粉粒（面温25℃），待表面平滑，覆盖保鲜膜，在温度27℃、湿度80％的环境中发酵24小时。

第2天

1. 准备材料：前种300g、法国粉300g、饮用水300g、麦芽精2g、盐1.5g。

2. 从前种（即养到目前的发酵种）中取配方量，加入其他材料充分混拌（面温25℃），待表面平滑，覆盖保鲜膜，在温度27℃、湿度80％的环境中发酵24小时。

第3天

1. 准备材料：前种300g、法国粉300g、饮用水300g、盐1.5g。

2. 从前种（即养到目前的发酵种）中取配方量，加入其他材料充分混拌（面温25℃），待表面平滑，覆盖保鲜膜，在温度27℃、湿度80％的环境中发酵24小时。

※所有器具须先确实消毒杀菌。本书食谱配方中，有添加鲁邦种的地方，也可以用同等量的液种（参考第36页）代替使用。

第4天

1. **准备材料**：前种300g、法国粉300g、饮用水300g、盐1.5g。

2. 从前种（即养到目前的发酵种）中取配方量，加入其他材料充分混拌（面温25℃），待表面平滑，覆盖保鲜膜，在温度27℃、湿度80%的环境中发酵12小时（其余时间送入冷藏室保存）。

第5天

1. **准备材料**：前种300g、法国粉300g、饮用水300g、盐1.5g。

2. 从前种（即养到目前的发酵种）中取配方量，加入其他材料充分混拌（面温25℃），待表面平滑，覆盖保鲜膜，在温度27℃、湿度80%的环境中发酵12小时（其余时间送入冷藏室保存）。

第6天

1. **准备材料**：前种300g、法国粉300g、饮用水300g、盐1.5g。

2. 从前种（即养到目前的发酵种）中取配方量，加入其他材料充分混拌（面温25℃），待表面平滑，覆盖保鲜膜，在温度27℃、湿度80%的环境中发酵12小时。

完成状态

3. 确认发酵酸度到达pH4，即完成初种，可以使用。未使用的须冷藏保存，隔天进行续种。

续鲁邦种　　　　　　　　　　　　　做法

材料

鲁邦种300g、法国粉300g、饮用水300g

1. 将所有材料搅拌混合均匀（面温25℃）。

2. 待表面平滑，覆盖保鲜膜，在温度27℃、湿度80%的环境中发酵6小时，而后送入冷藏室。

3. 面团发酵完成的状态。

续种前，原鲁邦种从冰箱拿出后须回温到25℃才可操作。

C 液种（Poolish）

材料

法国粉1000g、低糖干酵母2g、饮用水1000g

做法

1. 准备材料。

2. 水、干酵母先搅拌溶解，倒入法国粉中。

3. 搅拌混匀（面温25℃）。

4. 放入容器中，盖紧，室温（约25℃）发酵6小时，再冷藏发酵约18小时。

5. 面团发酵完成。

6. 面团表面组织结构。

D 法国老面

材料

法国粉1000g、低糖干酵母5g、饮用水680g、麦芽精3g、盐20g

做法

1. 准备材料。

2. 水、干酵母搅拌均匀。

3. 静置约5分钟至溶解。

4. 续入麦芽精、法国粉，搅拌均匀成团（七分筋）。

5. 续入盐搅拌均匀（八分筋，面温25℃）。

6. 室温（约25℃）发酵约30分钟，待面团膨胀，再冷藏发酵16小时后使用。

7. 面团表面。

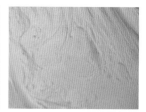

8. 面团内部组织结构。

E 蜂蜜种

材料

高筋面粉1000g、蜂蜜400g、葡萄菌水500g

做法

1. 葡萄菌水、蜂蜜先拌匀，加入高筋面粉，搅拌均匀（面温25℃）。

2. 放入容器中，盖紧，室温（约25℃）发酵约18小时。

3. 面团发酵完成。

4. 面团内部组织结构。

F 全麦种

材料

全麦粉1000g、葡萄菌水1000g

做法

1. 将材料搅拌均匀（面温25℃）。

2. 放入容器中，盖紧，室温（约25℃）发酵约16小时。

3. 面团发酵完成。

4. 面团内部组织结构。

G 裸麦种

材料

裸麦粉75g、高筋面粉225g、葡萄菌水162g、蜂蜜75g

做法

1. 将所有材料混合，搅拌均匀（面温25℃）。

2. 放入容器中，盖紧，室温（约25℃）发酵约12小时。

3. 面团发酵完成。

4. 面团内部组织结构。

基本的美味制作

红酒凤梨

材料

红酒450g、红糖50g、凤梨干900g

做法

1. 红酒、红糖加热煮至熔化，加入已切碎的凤梨干。

2. 以小火熬煮至凤梨干收汁入味即可。

蜜渍南瓜

材料

南瓜（绿皮）1/4个、细砂糖100g、水100g

做法

1. 南瓜去籽囊、切小块，蒸熟（约八分熟）。

2. 另起锅投入细砂糖、水，煮沸，离火，加入南瓜丁焖约30分钟至冷却，再冷藏浸泡，使用前沥干糖水即可。

巧克力酥波萝

材料

低筋面粉500g、细砂糖400g、黄油300g、可可粉100g

做法

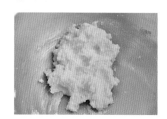

1. 黄油、细砂糖混合搅拌至松软。

2. 加入低筋面粉、可可粉拌匀成粉粒状。

虎皮面糊

材料

籼米粉130g、高筋面粉25g、沙拉油25g、水131g、细砂糖15g、盐5g、速溶干酵母7g

做法

1. 水、速溶干酵母搅拌溶化，加入沙拉油拌匀，再加入其他材料拌匀。

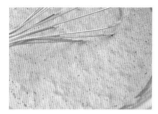

2. 室温（约25℃）静置发酵约90分钟（发酵完成表面如上图）。

昭和霓虹－吐司专用粉

- 规格：25kg
- 原产地：日本
- 蛋白质11.9%、灰分0.38%
- 特点：蛋白质性质良好的高级面包用粉，成品组织细致、颜色良好、化口性佳，适用于吐司及甜面包。

日清百合花法国粉
- 规格：25kg
- 原产地：日本
- 蛋白质10.7%、灰分0.45%
- 特点：重视小麦风味及香味的法国面包专用粉，其经过长时间发酵后，更可表现出丰富的风味。

日清山茶花强力粉

- 规格：25kg
- 原产地：日本
- 蛋白质11.8%、灰分0.37%
- 特点：日清最具代表性的面包用粉，用途广泛、机械耐性良好，适合大型工厂生产，常用于带盖吐司、餐包及甜面包，成品带有淡淡的奶香。

昭和先锋特高筋粉

- 规格：25kg
- 原产地：日本
- 蛋白质14.0%、灰分0.42%
- 特点：蛋白质含量高，面筋的延展性好，面团的烤焙弹性好、体积较大，可展现较好的风味。

昭和CDC法国面包专用粉
- 规格：25kg
- 原产地：日本
- 蛋白质11.3%、灰分0.42%
- 特点：面团的延展性、烤焙弹性及操作性均佳，可使谷物自然的香味得以呈现，成品表皮薄脆、断口性佳，咀嚼后回甘是其特色。

水手牌法国面包粉

- 规格：10kg
- 原产地：加拿大一级西部红春麦（CWRS）
- 特点：可让面包呈现外皮酥薄香脆、内部组织湿软Q弹的独特口感，品尝到小麦的原始风味及单纯的淡淡咸香。适用于法国面包、欧式面包、特级吐司、丹麦面包、可颂面包。

水手牌特级强力粉

- 规格：10kg
- 原产地：加拿大一级西部红春麦（CWRS）
- 特点：拥有良好的延展性、绝佳的烘焙弹性及超强的保水性，是烘焙业者制作高规格产品的最佳首选。适用于高级吐司、欧式面包、冷冻面团。

水手牌超级蛋糕粉

- 规格：10kg
- 原产地：萃取美国软白麦精华工艺
- 特点：蛋白质含量更低，成品保湿性超强、老化速度慢、耐冻性佳。适用于各式西点蛋糕、饼干和果子。

BREAD.1

隽永迷人的法式面包

使用单纯的材料，更能尝到麦香原始的风味，

扎实、酥脆，充满小麦香气……

讲究的食材、贴近自然的酿酵工序，

是法式面包美味的精髓所在。

下面，就教您用简单的材料制造出兼具朴实与奢华的深邃芳香！

FRENCH BREAD

高水量古典法国

高水含量配方，开始时让面粉以自我分解的方式与水充分结合，将面粉特有的芳香完全提引，彻底呈现出内层有弹力的嚼劲。酥香的外皮与Q弹、有湿润感的内里最为魅力之处。

难易度：★★★★★

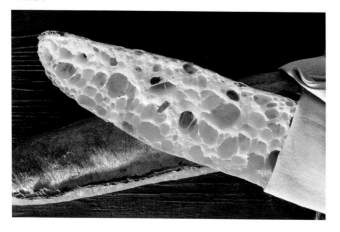

材料（约5根）

面团

法国粉——1000g
冰凉水——730g
麦芽精——5g
低糖干酵母——2g
盐——20g
二次水——70g

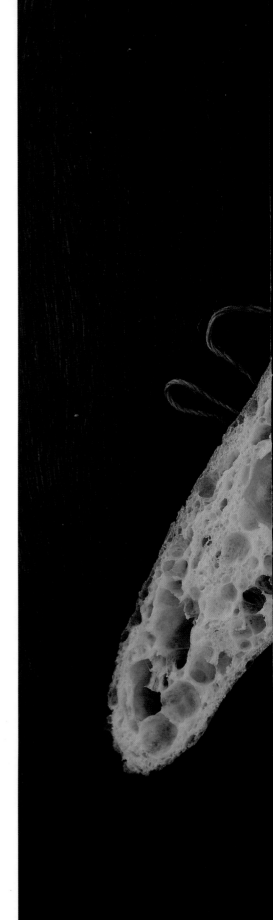

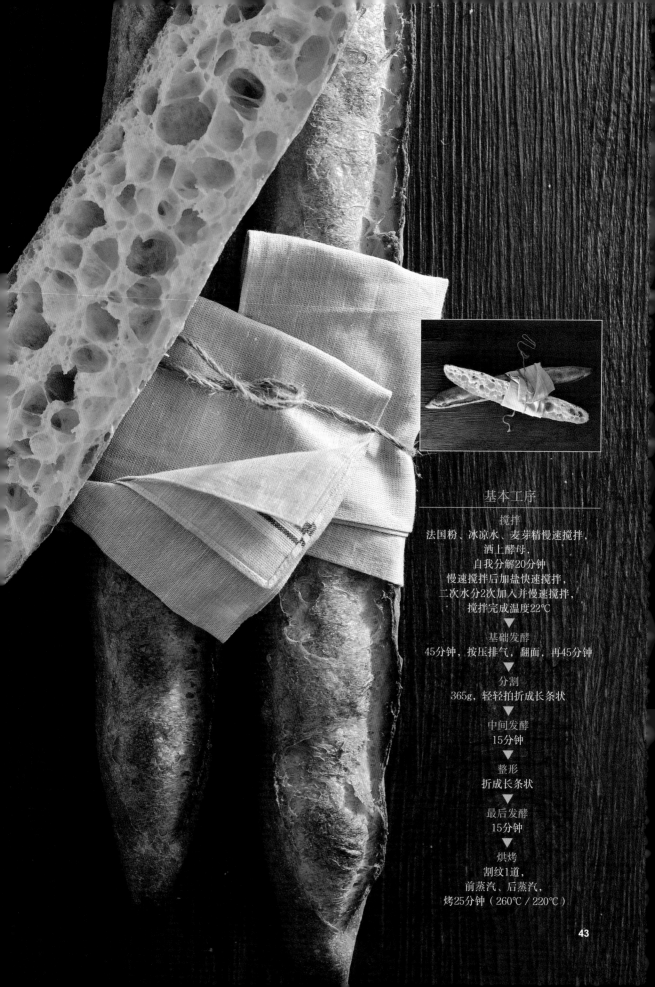

基本工序

搅拌
法国粉、冰凉水、麦芽精慢速搅拌,
洒上酵母,
自我分解20分钟
慢速搅拌后加盐快速搅拌,
二次水分2次加入并慢速搅拌,
搅拌完成温度22℃

▼

基础发酵
45分钟,按压排气,翻面,再45分钟

▼

分割
365g,轻轻拍折成长条状

▼

中间发酵
15分钟

▼

整形
折成长条状

▼

最后发酵
15分钟

▼

烘烤
割纹1道,
前蒸汽、后蒸汽,
烤25分钟(260℃/220℃)

1

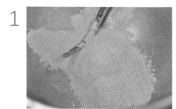

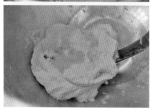

将法国粉、冰凉水、麦芽精慢速搅拌后，停止搅拌，在面团表面洒上低糖干酵母，让面粉自我分解20分钟。

▼

2

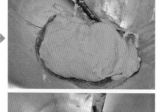

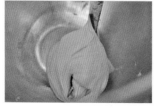

接着先慢速搅拌，加入盐后转快速搅拌，再分两次加入水并慢速搅拌均匀，再转快速搅拌至面筋可完全扩展。

二次水分2次加入，且每次加入后均以慢速搅拌至融合，再转快速。

▼

3

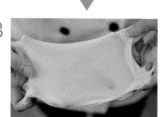

搅拌完成的状态，可拉出均匀薄膜，有筋度弹性。搅拌完成面温22℃。

基本发酵

4

基发

翻面

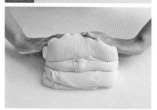

将面团整理成圆滑状态，基本发酵约45分钟。
作3折2次的翻面，继续发酵约45分钟，取出拍平。

分割滚圆、中间发酵

5

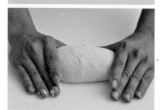

将面团分割成365g×5个，拍平，捏折收合于底，滚成长条状，中间发酵约15分钟。

整形、最后发酵

6

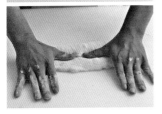

将面团用手掌均匀轻拍、翻面，从底侧向中间折1/3，按压紧接合处并向内卷塞。

7

← →

再将前侧向后对折，按压接合处，使两侧变得饱满；轻拍面团，再对折，按压接合口使其确实黏合；边滚动面团，边从中央朝两端拉长。

▼

8

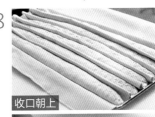

收口朝上

将面团收合口朝上，放在折出凹槽的发酵布上，最后发酵约15分钟。再将收合处朝下放置，在表面斜划1道切口。

烘焙

9 入炉后喷蒸汽1次（3秒），3分钟后再喷蒸汽1次，以上火260℃／下火220℃烤约25分钟，出炉。

乡村法国

使用法国老面制作，激发材料原有的风味，
并让面粉以自我分解的方式与水充分融合，
导引出面粉的深厚质感与芳醇，
特有的麦香、伴随酥脆口感的焦香烤色，
为其最大的特色魅力。

难易度★★★★

材料（约10根）

面团

A 法国老面——1727g

B 法国粉——1000g
　　冰凉水——680g
　　麦芽精——5g
　　低糖干酵母——5g
　　盐——18g

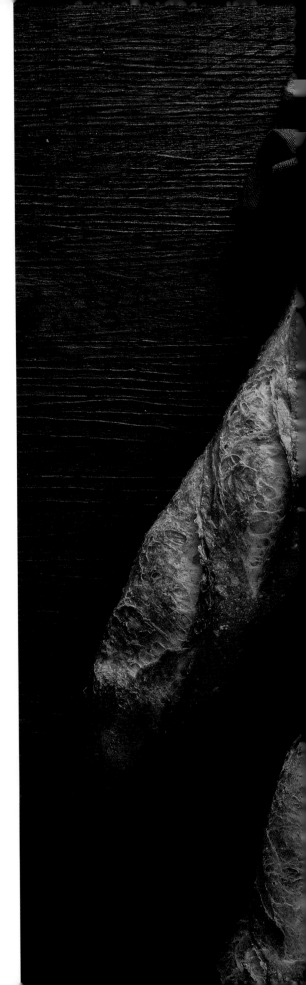

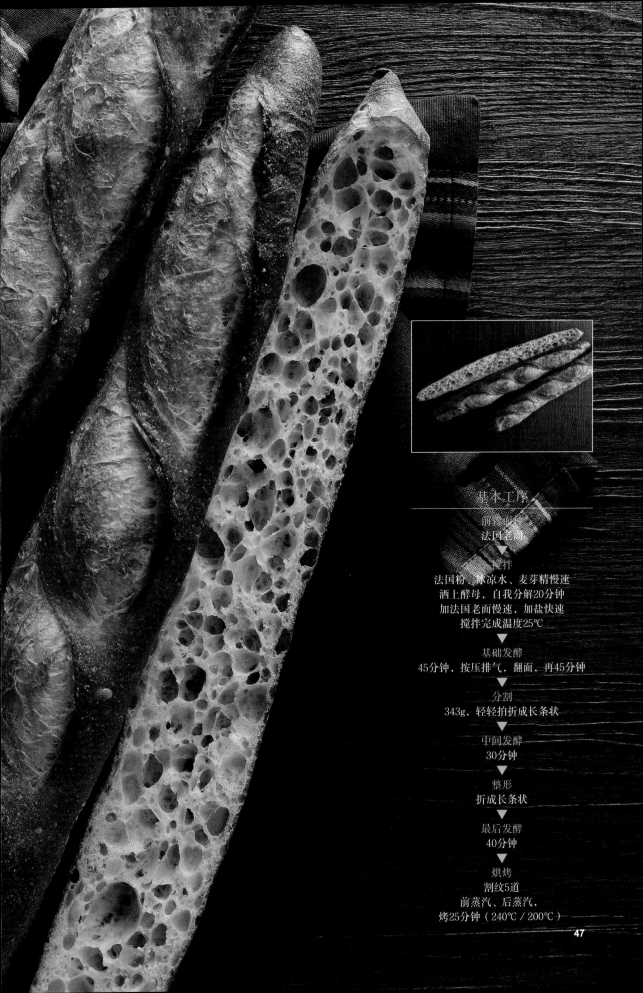

基本工序

前置面种
法国老面

↓

搅拌
法国粉、冰凉水、麦芽精慢速
洒上酵母，自我分解20分钟
加法国老面慢速，加盐快速
搅拌完成温度25℃

↓

基础发酵
45分钟，按压排气，翻面，再45分钟

↓

分割
343g，轻轻拍折成长条状

↓

中间发酵
30分钟

↓

整形
折成长条状

↓

最后发酵
40分钟

↓

烘烤
割纹5道
前蒸汽、后蒸汽，
烤25分钟（240℃ / 200℃）

1

法国粉、冰凉水、麦芽精慢速搅拌，停止搅拌，在面团表面洒上低糖干酵母，让面粉进行自我分解20分钟。

2

接着加入法国老面（参见第36页），慢速搅拌至融合，加入盐继续搅拌后，转快速搅拌至面筋完全扩展。

3

搅拌完成状态：可拉出均匀薄膜，有筋度弹性。搅拌完成时面温25℃。

4

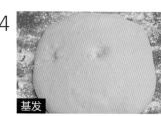

基发

翻面

将面团整理成圆滑状态，基本发酵约45分钟，作3折2次的翻面，继续发酵约45分钟，取出拍平。

5

将面团分割成343g×10个，拍平，捏折收合于底，滚成长条状，中间发酵约30分钟。

6

将面团均匀轻拍压除空气，翻面，从底侧向中间折1/3，按压紧接合处向内卷塞。

▼

7

再将前侧向后对折，按压接合处，使两侧变得饱满；轻拍面团，再对折，按压接合口使其确实黏合；边滚动面团，边从中央朝两端拉长。

▼

8

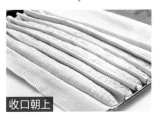

收口朝上

将面团收合口朝上，放在折出凹槽的发酵布上，最后发酵约40分钟，再将收合处朝下放置，在表面斜划5道切口。

9 入炉后喷蒸汽1次（3秒），3分钟后再喷蒸汽1次，以上火240℃ / 下火200℃烤约25分钟。

回甘法国

使用包含中种、低温水解种与鲁邦种的多种法来发酵制作，
除了能营造丰富深远的风味，
对于稳定品质及延缓老化也相当有益。
此配方特别在夏天有用武之地，
因为搭配了"低温水解种"，在炎热的夏天制作，
能避免面团温度过高，大幅提升成功率。

难易度★★★★★

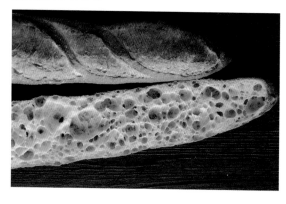

材料（约5根）

中种面团

法国粉——450g
低糖干酵母——5g
水——310g

低温水解种

法国粉——450g
麦芽精——3g
水——310g

主面团

鲁邦种——200g
盐——20g

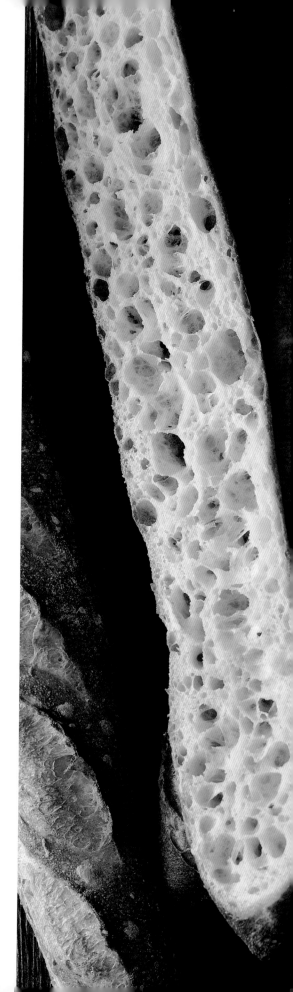

基本工序

前置面种
中种材料慢速搅拌，冷藏发酵12小时
水解种材料慢速搅拌，冷藏水解12小时
▼
搅拌
中种、低温水解种、鲁邦种慢速搅拌
加盐先慢后快搅拌
搅拌完成面温16℃
▼
基础发酵
45分钟，按压排气，翻面，再45分钟
▼
分割
345g，拍折成长条状
▼
中间发酵
30分钟
▼
整形
折成长条状
▼
最后发酵
40分钟
▼
烘烤
割纹7道
前蒸汽、后蒸汽，
烤25分钟（250℃／210℃）

中种面团	低温水解种

1

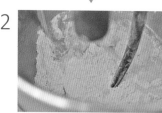

3

麦芽精加入水中，充分溶解。

▼

4

低糖酵母先加入水中溶解，稍静置（会膨胀）。

▼

2

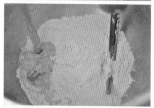

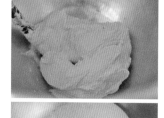

将法国粉、酵母水放入搅拌缸，慢速搅拌成团，冷藏发酵约12小时。

将法国粉、麦芽精水慢速搅拌成团，冷藏静置12小时进行水解。

5

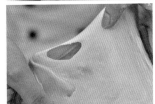

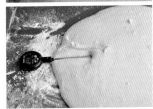

将中种面团、低温水解种、鲁邦种（参见第34、35页）先慢速搅拌至融合，加入盐慢速搅拌后转快速搅拌至面筋完全扩展（可拉出均匀薄膜），搅拌完成温度16℃。

6

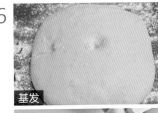

基发

翻面

将面团整理成圆滑状态，基本发酵约45分钟，以折叠的方式作3折2次的翻面，继续发酵约45分钟，取出拍平。

7

将面团分割成345g×5个，拍平，捏折收合于底，滚成长条状，中间发酵约30分钟。

53

8

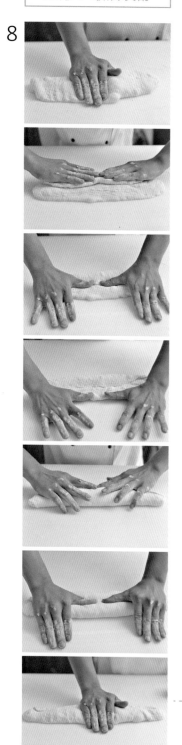

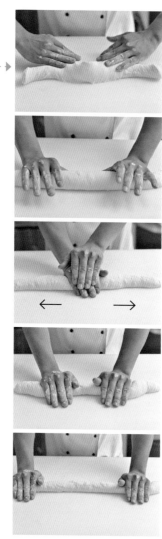

将面团均匀轻拍压除空气；
翻面，从底侧向中间折1/3，
按压紧接合处向内卷塞；
再将前侧向后对折，按压接合
处，使两侧变得饱满；
轻拍面团，再对折，按压接合
口使其确实黏合；
边滚动面团，边从中央朝两端
拉长。

9

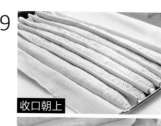

收口朝上

将面团收合口朝上，放在折出
凹槽的发酵布上，最后发酵
约40分钟。再将收合口朝下放
置，在表面斜划出7道切口。

水含量高的面团最后发酵
时，将收合口朝上放置可
缩短发酵时间；
发酵完要切划时又将收合
口朝下，是因为接触帆布
面的面团较平坦，好划。

烘焙

10 入炉后喷蒸汽1次（3秒），
3分钟后喷蒸汽1次，以上火
250℃／下火210℃烤约25分
钟。

蜜酿蔓越莓

富有嚼劲，有小麦原本的馥郁风味，
使用的是烤过后再泡水的亚麻籽，
淡淡的亚麻籽香气，加上蜜渍蔓越莓的酸甜，
口感香醇顺口。

基本工序

前置处理
亚麻籽泡水，隔日使用
蔓越莓用蜂蜜渍，隔日使用

▼

前置面种
法国老面

▼

搅拌
盐、酵母除外，慢速搅拌，
停止搅拌洒上酵母，自我分解20分钟
加法国老面慢速搅拌，加盐快速搅拌
取出用作外皮的面团480g，
其余面团加入果干翻拌均匀
搅拌完成面温25℃

▼

基础发酵
45分钟，按压排气，翻面，再45分钟

▼

分割
外皮80g，内层350g，折叠滚圆

▼

中间发酵
30分钟

▼

整形
内层整成橄榄形，
外皮整成椭圆片，包覆

▼

最后发酵
40分钟

▼

烘烤
割纹1道
前蒸汽、后蒸汽，
烤30分钟（230℃／200℃）

难易度★★★★

材料（约6颗）

面团

A 法国老面——200g
B 法国粉——1000g
　　冰凉水——680g
　　低糖干酵母——5g
　　麦芽精——5g
　　胚芽粉（烤过）——40g
　　盐——20g
C 蜂蜜蔓越莓——325g
　　亚麻籽水——325g

前置作业

 亚麻籽水：亚麻籽（163g）烤熟，加水（162g）浸泡，隔日使用。
蜂蜜蔓越莓：蔓越莓干（285g）加蜂蜜（40g）浸泡，隔日使用。

搅拌混合

2

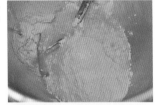

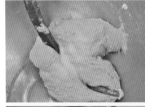

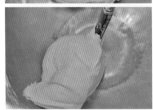

将材料B除酵母、盐外慢速搅拌成团，停止；在表面洒上低糖干酵母，让面粉水解20分钟；加入法国老面（参见第36页）慢速拌匀，再加入盐快速搅拌至面筋可完全扩展。

3 取面团（480g）做外皮。
另将剩余面团加入材料C压切翻拌均匀，折叠均匀，完成时面温25℃。

基本发酵

4 将面团整理成圆滑状态，基本发酵约45分钟，作3折2次的翻面，继续发酵约45分钟。

分割滚圆、中间发酵

5

外皮　　内层

分割内层面团350g×6个，外皮面团80g×6个，均切口往底部收合折叠，滚圆状，中间发酵约30分钟。

6

外皮

内层

将外皮面团轻拍扁，擀成椭圆片。将内层面团轻拍平整、翻面；从底端向中间压折、以手指朝下紧塞；再将前侧向后对折、按压接合口；再对折，按压收口确实黏合；轻滚动整成橄榄形。

7

将外皮放在内层面团上比拟，延展至稍大于面团；而后将外皮置于底部，从中间的两侧拉起，包覆面团并捏紧，最后捏合收口。

▼

8

收口朝上

面团收口朝上，放在折凹槽的发酵布上，最后发酵约40分钟，在表面切划1刀。

烘焙

9 入炉后喷蒸汽1次（3秒），3分钟后喷蒸汽1次，以上火230℃／下火200℃烤约30分钟，出炉。

蜜蜜情人

蜂蜜种的香气和内含的柠檬丁，大幅提升面团香气。
内里Q弹柔软，越嚼越散发蜂蜜香气，风味香醇。

基本工序

前置面种
蜂蜜种

▼

搅拌
法国粉、冰凉水、麦芽精慢速成团，
停止搅拌
洒上酵母，面团自我分解20分钟
加蜂蜜种慢速拌匀，加盐快速搅拌
分2次加入蜂蜜搅拌至完全扩展
加入柠檬丁翻拌均匀
搅拌完成面温20℃

▼

基础发酵
45分钟，按压排气，翻面，再45分钟

▼

分割
400g，折叠滚圆

▼

中间发酵
30分钟

▼

整形
圆形

▼

最后发酵
45分钟

▼

烘烤
洒裸麦粉，割菱格纹
前蒸汽、后蒸汽，
烤25分钟（210℃／180℃）

难易度★★★★

材料（约5颗）

面团

A 蜂蜜种——150g

B 法国粉——1000g

　　冰凉水——650g

　　麦芽精——3g

　　低糖干酵母——6g

　　盐——18g

　　蜂蜜——200g

C 柠檬丁——250g

搅拌混合

1 将法国粉、冰凉水、麦芽精慢速搅拌成团后，停止，在表面洒低糖干酵母，让面团进行自我分解20分钟。

▼

2 加蜂蜜种（参见第37页），慢速搅拌至融合；加入盐，快速搅拌均匀；再分2次加入蜂蜜，并慢速搅拌至面筋可完全扩展；加入材料C，压切翻拌均匀，完成时面温20℃。

基本发酵

3 将面团整理成圆滑状态，基本发酵约45分钟，作3折2次的翻面，继续发酵约45分钟。

分割滚圆、中间发酵

4 将面团分割成400g×5个，折叠滚圆，中间发酵约30分钟。

整形、最后发酵

5

将面团轻拍压、翻面，从底端向前对折，转纵向再对折；收合朝下，将面皮向下拉整成圆球状。

▼

6

均匀轻拍面团，将面皮聚拢收合，捏紧收合口整成圆球状。

▼

7

面团收口朝下，放在发酵布上，最后发酵约45分钟。
表面洒上裸麦粉，划菱格纹。

烘焙

8 入炉后喷大量蒸汽1次（3秒），3分钟后喷蒸汽1次，以上火210℃／下火180℃烤约25分钟。

桃香无花果

冷泡白桃乌龙茶*，
连同茶叶水揉入面团，
再包裹红酒浸渍过的无花果干，
淡淡的茶香与温和的果香
完全渗入面团，
带来层层叠叠的无比滋味。

编者注：*作者使用的是英国品牌
Twinings的袋泡调和花茶。

基本工序

前置
冷泡白桃乌龙茶叶，制作液种

▼

搅拌
酵母、盐除外，慢速搅拌
洒上酵母，让面粉水解20分钟
慢速2分钟，加盐快速搅拌至完全扩展
搅拌完成面温25℃

▼

基础发酵
45分钟，按压排气，翻面，再45分钟

▼

分割
190g，轻轻拍折成长条状

▼

中间发酵
30分钟

▼

整形
包馅

▼

最后发酵
35分钟

▼

烘烤
剪4道口
前蒸汽、后蒸汽，
烤20分钟（230℃／200℃）

难易度 ★ ★ ★

材料（约9根）

面团

A　液种———200g
B　法国粉———850g
　　裸麦粉———50g
　　冰凉水———620g
　　麦芽精———3g
　　低糖干酵母———6g
　　白桃乌龙茶叶*———10g
　　盐———20g

内馅

奶油奶酪———360g
红酒无花果———360g

1 白桃乌龙茶叶入冰凉水，浸泡开（冷泡较不会产生茶涩味），连同茶叶末、茶叶水使用。

▼

2 将液种（参见第36页）、茶叶水及材料B中的两种面粉慢速搅拌成团，停止搅拌，在表面洒上低糖干酵母，让面粉进行自我分解20分钟，接着慢速搅拌均匀（2分钟）后，再加入盐快速搅拌至面筋可完全扩展，完成时面温25℃。

基本发酵

3 将面团整理成圆滑状态，基本发酵约45分钟，作3折2次的翻面，继续发酵约45分钟。

分割滚圆、中间发酵

4 将面团分割成190g×9个，折叠、收合成长条状，收合口置底，中间发酵约30分钟。

整形、最后发酵

5

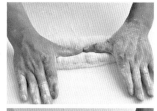

将面团轻拍、翻面，从底端往中间折叠，压紧接合处，再从前端往中间折叠，按压面团致使两侧饱满。

▼

6

＊ 红酒无花果，可用无花果干（300g）、红酒（60g）浸泡，至隔天入味使用。

轻拍压，在中间挤上奶油奶酪40g，放上红酒无花果40g，拉起两侧面皮，捏紧收口，而后均匀滚动面团延展长度，再沾高筋面粉，反向平行揉动成螺旋状，收合口朝下，放在折出凹槽的发酵布上，最后发酵约35分钟，剪出4个Λ形口。

烘焙

7 入炉后喷蒸汽1次（3秒），3分钟后喷蒸汽1次，上火230℃／下火200℃烤约20分钟，出炉。

茶酿多果香

使用液种做出Q弹轻盈的口感，
越咀嚼越有面的甜味与芳香，
淡淡的玫瑰杏桃香充分提引出果干风味，
风味深邃香醇。

难易度★★★

材料（约4颗）

面团

A 液种——100g

B 法国粉——1000g
　　　冰凉水——680g
　　　麦芽精——3g
　　　低糖干酵母——6g
　　　玫瑰杏桃茶叶*——10g
　　　盐——20g

C 水滴巧克力——100g
　　　柚子丝——50g
　　　蔓越莓干——150g

编者注：*作者使用的是英国品牌Twinings的袋泡调和花茶。

前置
冷泡玫瑰杏桃茶叶，制作液种
▼
搅拌
盐除外，慢速搅拌
加盐中速搅拌至光滑
加入果干翻拌均匀
搅拌完成面温25℃
▼
基础发酵
45分钟，按压排气，翻面，再45分钟
▼
分割
500g，折叠、滚圆状
▼
中间发酵
30分钟
▼
整形
椭球形，收口朝上放入藤篮
▼
最后发酵
40分钟
▼
烘烤
割纹
前蒸汽、后蒸汽，
烤40分钟（230℃／200℃）

前置处理

1 杏桃茶叶加入冷水浸泡开（冷泡较不会产生茶涩味），连同茶叶末、茶叶水使用。

搅拌混合

2 将液种（参见第36页）、茶叶水及材料B（盐除外）慢速搅拌成团，加入盐中速搅拌至表面光滑，再加入材料C压切翻拌均匀，完成时面温25℃。

基本发酵

3 将面团整理成圆滑状态，基本发酵约45分钟后，作3折2次的翻面，继续发酵约45分钟。

分割滚圆、中间发酵

4

将面团分割成500g×4个，折叠、拍扁收合，收合口置底滚圆状，中间发酵约30分钟。

整形、最后发酵

5

将面团轻拍、翻面，从已侧向中间压折，以手指朝下紧塞，再由两侧朝中间稍压折后，翻折，收合口置底，轻滚动，整成橄榄形，再将收口朝上、捏紧。

6

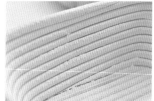

收口朝上

用网筛在藤篮内筛满裸麦粉，
将面团收口朝上放置藤篮中、
轻按压。

轻按压可帮助下面的粉料
均匀沾在面团表面。

▼

7

最后发酵约40分钟，倒扣在烤
焙纸上，在表面切划叶脉状刀
纹。

8

入炉后喷蒸汽1次（3秒），3
分钟后喷蒸汽1次，以上火
230℃／下火200℃烤约40分
钟，出炉。

黑爵坚果乳酪

从面包的切口中就可窥见美味的奶油奶酪，
面团添加黑炭可可粉，搭配香醇核桃，
突显浓郁滋味。

基本工序

前置面种
法国老面

▽

搅拌
盐除外的材料B慢速搅拌
加法国老面慢速，加盐快速搅拌
加入水滴巧克力翻拌均匀
搅拌完成温度25℃

▽

基础发酵
60分钟，按压排气，翻面，再30分钟

▽

分割
190g，折叠滚圆

▽

中间发酵
30分钟

整形
包馅，整形成橄榄形

▽

最后发酵
50分钟

▽

烘烤
洒高筋面粉，割纹2道
前蒸汽、后蒸汽，
烤18分钟（230℃／190℃）

难易度 ★ ★ ★

材料（约12颗）

面团

A 法国老面———300g

B 法国粉———1000g
黑炭可可粉———20g
冰凉水———740g
麦芽精———3g
低糖干酵母———5g
盐———20g

C 水滴巧克力———300g

内馅

奶油奶酪———400g
核桃（烤过）———200g

| 搅拌混合 |

1 将材料B（盐除外）慢速搅拌
均匀成团，加入法国老面（参
见第36页）搅拌均匀，加入盐
快速搅拌至面筋可完全扩展，
加入材料C压切翻拌均匀，完
成时面温25℃。

| 基本发酵 |

2 将面团整理成圆滑状态后基本
发酵约60分钟，作3折2次的翻
面，继续发酵约30分钟。

| 分割滚圆、中间发酵 |

3

将面团分割成190g×12个，
折叠、拍扁、收合，收合口
置底、滚圆状，中间发酵约
30分钟。

| 整形、最后发酵 |

4

将面团轻拍、翻面，转向纵放，在前、后端1/3处分别挤上奶油奶酪，从前、后端分别向中间卷折，轻拍平面团，再在接合处按压出沟槽，挤上奶油奶酪，洒上核桃（约15g）。

5

将前后两侧面团向中间包卷，滚动成橄榄形，捏紧收口。

6

发酵前

发酵后

收口朝下放置，最后发酵约50分钟，洒上高筋面粉，表面斜划2刀。

斜划的刀口深度至可看到内馅。

烘焙

7　入炉后喷大量蒸汽1次（3秒），3分钟后喷蒸汽1次，以上火230℃／下火190℃烤约18分钟。

活康多谷力

将烘烤过的坚果浸泡后加入面团中揉和，
种类丰富的坚果搭配淡淡芳香的法国老面，
展现出圆醇的风味。

基本工序

前置
坚果烤熟浸泡，制作法国老面

▼

搅拌
盐除外，慢速搅拌成团，
加入法国老面拌匀
加入盐快速搅拌至完全扩展
加入浸泡坚果翻拌均匀
搅拌完成面温25℃

▼

基础发酵
45分钟，按压排气，翻面，再45分钟

▼

分割
440g，折叠滚圆

▼

中间发酵
30分钟

▼

整形
椭球形

▼

最后发酵
40分钟

▼

烘烤
洒上裸麦粉，割纹4道
前蒸汽、后蒸汽，
烤40分钟（230℃／200℃）

难易度 ★ ★ ★

材料（约5颗）

面团

A 法国老面————250g

B 法国粉————950g
　　裸麦粉————50g
　　冰凉水————650g
　　低糖干酵母————5g
　　麦芽精————3g
　　盐————20g

C 大燕麦片————50g
　　南瓜子————50g
　　葵瓜子————50g
　　亚麻子————20g
　　白芝麻————50g
　　水（泡坚果用）————150g
　　葡萄干————300g

前置作业

1　将材料C的坚果烤熟，在投入面团搅拌前15分钟用水浸泡。

搅拌混合

2　将材料B（盐除外）慢速搅拌均匀成团，加入法国老面（参见第36页）搅拌均匀，再加入盐快速搅拌至面筋可完全扩展，最后加入材料C压切翻拌均匀，完成时面温25℃。

基本发酵

3　将面团整理成圆滑状态，基本发酵约45分钟后，作3折2次的翻面，继续发酵约45分钟。

分割滚圆、中间发酵

4

将面团分割成440g×5个，折叠、拍扁、收合，收合口置底、滚圆状，中间发酵约30分钟。

整形、最后发酵

5
A

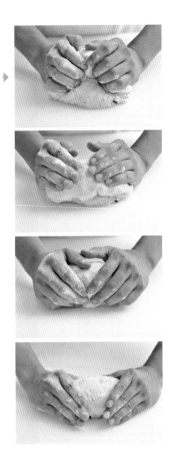

面团收口朝上放在折出凹槽的发酵布上,最后发酵约40分钟,再将收口朝下放在烤焙纸上,表面放纸模,筛洒上裸麦粉,再切划4道V形口。

整形法A。将面团轻拍,翻面,从己侧向中间压折塞紧,再由两侧朝中间稍压折,后包折收合于底,整成椭球状,再将收合口朝上并捏紧。

整形法B。从己侧向中间压折,以手指朝下紧塞,包卷收合于底,滚成椭球状。再将收合口朝上并捏紧。

▼

烘焙

7 入炉后喷蒸汽1次(3秒),3分钟后喷蒸汽1次,以上火230℃ / 下火200℃烤约40分钟,出炉。

5
B

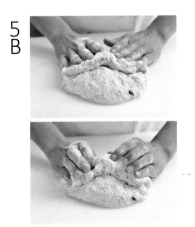

6

收口朝上

切达小山吐司

高熔点奶酪丁与黑橄榄的搭配组合，
面团加了少许的意式香料，带出多层次香味。
造型简单，香气馥郁、柔软Q弹的小山峰奶酪吐司。

难易度★

材料（约8条，每条300g）

面团

A 法国老面——300g

B 法国粉——1000g
麦芽精——3g
低糖干酵母——8g
冰凉水——700g
意大利香料——10g
盐——20g

C 黑橄榄——150g
高熔点奶酪丁——200g

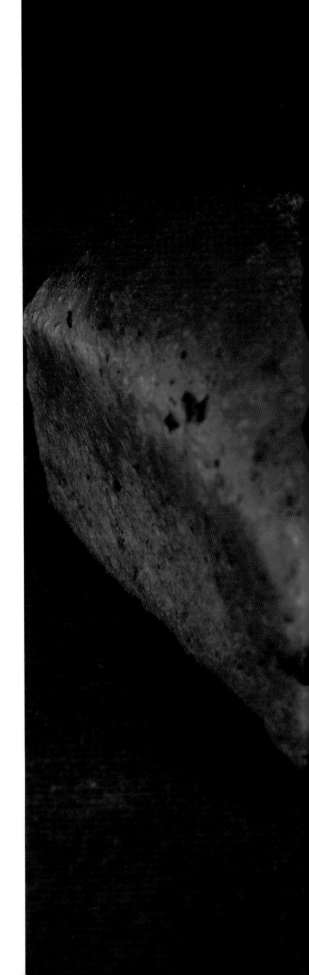

基本工序

前置面种
法国老面

搅拌
盐除外，慢速搅拌成团，加法国老面拌匀
中速搅拌至光滑，加盐搅拌至完全扩展
搅拌完成面温23℃
加黑橄榄、奶酪丁折叠包覆

基础发酵
30分钟，按压排气，翻面，再30分钟

分割
300g，折叠滚圆

中间发酵
30分钟

整形
卷成橄榄状，收口朝下放入300g模

最后发酵
90分钟发酵至九分满

烘烤
前蒸汽、后蒸汽，
烤25分钟（220℃／260℃）

1
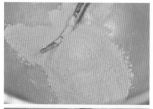
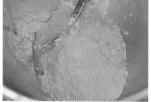
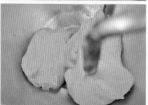

将材料B（盐除外）慢速搅拌成团，加入法国老面（参见第36页）搅拌均匀，转中速搅拌至表面光滑，再加入盐搅拌至面筋可完全扩展。

▼

2
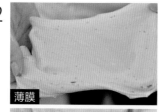
薄膜

弹性

搅拌完成，面团可拉出均匀薄膜，有弹性筋度，温度23℃。

▼

3

切口交错叠放

将面团轻拍扁，铺放黑橄榄、奶酪丁，卷成圆柱状，再分切成块，把每块面团切口交错着叠放起来，再压揉均匀成团。

基本发酵

4 将面团整理成圆滑状态，基本发酵约30分钟，作3折2次的翻面，继续发酵约30分钟。

5

将面团分割成300g×8个，折叠、拍扁、收合，收合口置底、滚圆状，中间发酵约30分钟。

6

将面团沾粉轻拍，翻面，往中间折叠后卷塞成圆条状，均匀轻揉两端成橄榄状。

7

将面团收口朝下，放置300g吐司模中，最后发酵约90分钟，至模内九分满。

8

入炉后喷蒸汽1次（3秒），3分钟后喷蒸汽1次，以上火220℃／下火260℃烤约25分钟。

美味抹酱做法2款

松子奶油抹酱

材料

松子（烤过）200g、无盐黄油500g、细砂糖190g、盐10g

做法

将松子、砂糖、盐搅打细碎后倒入容器，再加入软化的黄油混合拌匀即可。

焦糖牛奶酱

材料

白砂糖100g、淡奶油100g、鲜奶70g

做法

1. 淡奶油、鲜奶一起加热至沸腾（约80℃）。

2. 白砂糖放入另一锅中煮成焦糖状（约160~170℃），立即慢慢加入上一步成品拌煮匀，装入容器中，待凉即可。

山葵明太子法国

经典法国长棍面包面团，
搭配特调的山葵明太鱼子酱，
山葵独特的呛味，与明太鱼子的腥鲜味相应，
整体酥脆咸香又非常顺口。

难易度★★

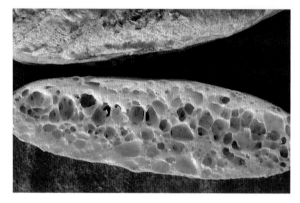

材料（约10根）

面团

A 液种——200g
B 法国粉——1000g
    冰凉水——700g
    低糖干酵母——4g
    麦芽精——3g
    盐——20g

山葵明太鱼子酱

山葵泥*——15g
沙拉酱——300g
明太鱼子酱——150g
柠檬汁——20g
无盐黄油——300g

* 山葵泥也可用山葵粉代替。

编者注：山葵、芥末、辣根的区别。山葵是昂贵的食材，山葵酱是用根茎研磨而成，绿色，辣味清新柔和，因为易挥发所以最好现磨现吃。芥末和辣根则是不同的植物。芥末酱取用的是植物的种子，黄色。辣根酱取用的是植物的根部，辣味浓重而刺激，淡黄色。市场上经常可以买到的一些"芥末酱"，实际上是以辣根为主料，加绿色素（仿山葵酱形象）而成。

基本工序

前置
制山葵明太鱼子酱、液种

▼

搅拌
盐除外，加入液种慢速搅拌
加盐快速搅拌
搅拌完成面温25℃

▼

基础发酵
45分钟，按压排气，翻面，再45分钟

▼

分割
180g，折叠滚圆

▼

中间发酵
30分钟

▼

整形
长条状

▼

最后发酵
40分钟

▼

烘烤
割纹
前蒸汽、后蒸汽，
烤15分钟（230℃ / 200℃）
横切剖开，抹山葵明太子酱，烤5分钟

1

将黄油搅拌松软，加入其余材料混合均匀即可。

搅拌混合

2

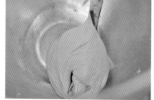

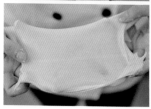

将液种（参见第36页）及材料B（盐除外）慢速搅拌成团，转中速搅拌至光滑，再加入盐慢速搅拌至面筋可完全扩展（可拉出均匀薄膜），此时面温25℃。

基本发酵

3

将面团整理成圆滑状态，基本发酵约45分钟，作3折2次的翻面，继续发酵约45分钟。

分割滚圆、中间发酵

4

将面团分割成180g×10个，拍平，捏折收合于底，滚成长条状，中间发酵约30分钟。

整形、最后发酵

5

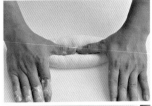

将面团均匀轻拍、翻面，从己侧向中间折1/3，压紧接合处，再将前侧向中间对折。

6

滚动面团至收合口朝上，按压收合口，然后均匀轻拍，再对折、收合于底，而后从中央开始搓揉面团，边滚动边朝两端拉长。

7

收口朝上

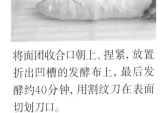

将面团收合口朝上、捏紧，放置折出凹槽的发酵布上，最后发酵约40分钟，用割纹刀在表面切划刀口。

烘焙

8 入炉后喷蒸汽1次（3秒），3分钟后喷蒸汽1次，以上火230℃/下火200℃烤约15分钟出炉，沿长轴剖开，抹上山葵明太子酱，再回烤约5分钟即可。

慕尼黑脆肠

德式脆肠面包的细致版，
夹层馅是脆肠
以及和它十分对味的芥末籽酱，
味道口感极其迷人。

基本工序

搅拌
盐除外，慢速搅拌
加盐中速搅拌至完全扩展
搅拌完成面温25℃

▼

基础发酵
60分钟

▼

分割
50g，折成长条状

▼

中间发酵
30分钟

▼

整形
轻拍翻面，包馅料，
捏滚成长条状

▼

最后发酵
10分钟

▼

烘烤
洒上高筋面粉，切划3道口
前蒸汽、后蒸汽，
烤16分钟（250℃／200℃）

难易度★

材料（约35根）

面团

A	法国粉	1000g
	冰凉水	700g
	低糖干酵母	6g
	麦芽精	3g
	盐	18g
B	德式脆肠	35个
	芥末籽酱	60g

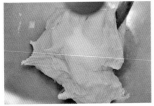

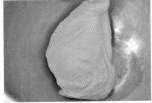

1

将材料A慢速搅拌均匀成团，加入盐中速搅拌，搅拌至完全扩展。搅拌完成状态，可拉出均匀薄膜。搅拌完成温度25℃。

基本发酵

2

将面团整理成圆滑状态，基本发酵约60分钟。

分割滚圆、中间发酵

3

将面团分割成50g×35个，折叠、收合成长条状，收合口置底，中间发酵约30分钟。

整形、最后发酵

4

将面团轻拍、翻面，在中间挤入芥末籽酱、铺放脆肠（约20cm），从两侧拉起面皮、捏合包覆住脆肠，轻轻滚动搓长，收口朝下放置，最后发酵约10分钟，洒上高筋面粉，在表面切划3道纹。

烘焙

5 入炉后喷蒸汽1次（3秒），3分钟后喷蒸汽1次，以上火250℃/下火200℃，烤约16分钟，出炉。

意式烧腊

在法式面团中
加入火腿、叉烧、奶酪等材料，
些许的辣椒粉提升香气，
气味更加芳香，
Q弹耐嚼的面包体越嚼越香，
清爽独特的好滋味。

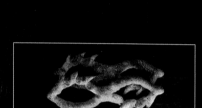

基本工序

搅拌
盐除外，慢速搅拌
加盐快速搅拌至完全扩展
搅拌完成面温25℃
加入馅料，叠压混匀
▼
基础发酵
45分钟，按压排气，翻面，再45分钟
▼
分割
200g，折成长条状
▼
中间发酵
30分钟
▼
整形
长条形
▼
最后发酵
40分钟
▼
烘烤
切拉成8字形，洒裸麦粉、剪口
前蒸汽、后蒸汽，
烤18分钟（230℃ / 200℃）

难易度★★

材料（约11个）

面团

A			B		
法国粉	1000g		火腿片（切丁）	50g	
冰凉水	700g		奶酪片（切丁）	50g	
麦芽精	3g		叉烧肉（切丁）	250g	
低糖干酵母	8g		高熔点奶酪丁	200g	
意大利香料	10g				
韩国辣椒粉	2g				
盐	20g				

1 将材料A（盐除外）慢速搅拌成团，加入盐快速搅拌至面筋可完全扩展，完成时面温25℃。
以第111、112页步骤3、4的做法，加入材料B叠压混匀。

基本发酵

2 将面团整理成圆滑状态，基本发酵约45分钟，作3折2次的翻面，继续发酵约45分钟。

分割滚圆、中间发酵

3 将面团分割成200g×11个，拍平折成长条状，中间发酵约30分钟。

整形、最后发酵

4

将面团均匀轻拍压除空气，翻面，从己侧向中间折1/3并压紧接合处，再将前侧向后对折于底，压紧接合口处，轻拍压，再从前侧向后对折并压紧接口，从中央开始边滚动边朝两端均匀拉长。

5

收口朝上放在折出凹槽的发酵布上，最后发酵约40分钟，用刮板在中间切划开，但保留中央一小段不切断，而后稍拉开呈8字形，洒上裸麦粉，在两圈的对侧边各剪3刀。

烘焙

6 入炉后喷蒸汽1次（3秒），3分钟后喷蒸汽1次，以上火230℃／下火200℃烤约18分钟，出炉。

普罗旺斯脆饼

造型独特、口味丰富的薄饼面包。
面团中包覆奶酪丁，
整形成脉络状，
表面铺放奶酪丝、黑橄榄，
增添了香气风味。

基本工序

搅拌
盐除外，慢速搅拌成团
加盐、鸡粉中速至光滑，
加橄榄油慢速至完全扩展
加青葱拌匀
搅拌完成面温25℃

▼

基础发酵
50分钟

▼

分割
150g，拍平，包入奶酪丁

▼

中间发酵
30分钟

▼

整形
拍扁、擀椭圆片状

▼

最后发酵
40分钟

▼

烘烤
切划刀口，
洒奶酪丝、铺黑橄榄
前蒸汽、后蒸汽，
烤16分钟（230℃／210℃）

难易度★

材料 （约12个）

面团

A	法国粉	1000g	B	鸡粉	15g
	冰凉水	660g		橄榄油	40g
	低糖干酵母	10g		青葱	100g
	麦芽精	3g	C	高熔点奶酪丁	600g
	盐	16g		黑橄榄	适量
				双色披萨丝	适量

1 青葱洗净、沥干水分，切成末。（青葱也可用干燥葱15g代替。）

2 将材料A（盐除外）慢速搅拌均匀成团，加入盐、鸡粉中速搅拌至表面光滑，再加入橄榄油慢速搅拌至面筋可完全扩展，最后加入青葱末拌匀。完成时面温25℃。

基本发酵

3 将面团整理成圆滑状态，基本发酵约50分钟。

分割滚圆、中间发酵

4

将面团分割成150g×12个，轻拍平、放入高熔点奶酪丁（约50g），包覆、捏合收口，中间发酵约30分钟。

整形、最后发酵

5

将面团稍沾粉，用擀面棍敲拍扁平，再擀成厚约0.4cm的椭圆片。

6

移置烤盘上，最后发酵约40分钟，用刮板在表面划出叶脉纹，轻轻拉开切口，洒上奶酪丝、铺放黑橄榄片。

变化款。在面皮上薄刷橄榄油，洒上奶酪粉。

烘焙

7

入炉后喷蒸汽1次（3秒），3分钟后喷蒸汽1次，以上火230℃／下火210℃烤约16分钟，出炉，薄刷橄榄油提味。

造型特殊的薄饼面包，能让香料成分的味道充分散发。口味可灵活多样，例如还可搭配干燥的香草等。

法爵脆皮吐司

搭配自制蜂蜜种面团制作，
不带盖烘烤成的圆顶风味脆皮吐司。
面团发酵时间长，熟成佳，造就格外迷人的香气，
面包表层酥脆轻盈，带有淡淡的蜂蜜香气，
越咀嚼越香醇。

难易度★

材料（约1.6条，每条1200g*）

中种面团

高筋面粉——700g
葡萄菌水——300g
水——200g

主面团

A   蜂蜜种——200g
B   高筋面粉——300g
     低糖干酵母——10g
     冰凉水——160g
     盐——20g
     黄油——50g

编者注：*请注意本产品采用的吐司模具为900g尺寸，并非标值
接近单个产品重量的1200g吐司模。因为面团中的材料性质影响
到面团的膨胀性，所以使用小一些的吐司模具以获得该有的面
包质地。

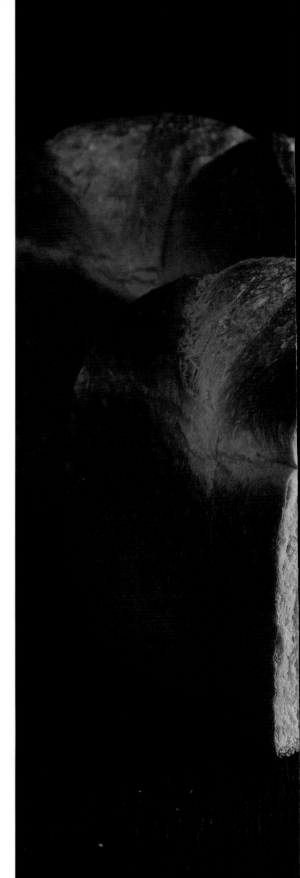

基本工序

前置面种
制葡萄菌水，制蜂蜜种
慢速搅拌中种，室温发酵16小时

▼

搅拌
高筋粉、酵母、冰凉水慢速搅拌
加入蜂蜜种、中种搅拌
加盐快速搅拌至光滑，
加黄油搅拌至完全扩展
搅拌完成面温25℃

▼

基础发酵
30分钟

▼

分割
450g，折叠滚圆

▼

中间发酵
20分钟

▼

整形
滚圆，3个为1组，
放入900g模型

▼

最后发酵
90分钟发酵至八分满

▼

烘烤
斜划刀口
前蒸汽、后蒸汽，
烤20分钟（180℃／230℃），
转向再烤20分钟

制作葡萄菌水（参见第32、33页），将所有材料慢速搅拌均匀成团，室温发酵约16小时。

搅拌混合

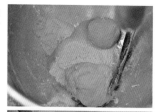

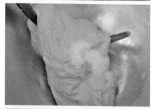

将主面团的粉、酵母、冰凉水慢速搅拌成团，加入蜂蜜种（参见第37页）、中种面团搅拌融合，再加入盐快速搅拌至表面光滑，加入黄油搅拌至面筋可完全扩展，完成时面温25℃。

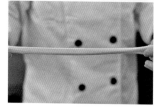

搅拌完成状态，可拉出均匀薄膜，有筋性。

基本发酵

将面团整理成圆滑状态，基本发酵约30分钟。

分割滚圆、中间发酵

将面团分割成400g每个。

将面团折叠、拍扁、收合，收合口置底，滚成圆状，覆盖发酵帆布，中间发酵约20分钟。

整形、最后发酵

7

将面团轻拍压，翻面，从底端向前对折，转纵放再对折，收合口朝下，拉整成圆球状。

8

面团均匀轻拍后，将面皮聚拢收合，捏紧收合口。

9

发酵前

发酵后

以3个为1组，收口朝下放置900g吐司模中，最后发酵约90分钟至模内八分满，在表面斜划刀纹。

烘焙

10 入炉后喷蒸汽1次（3秒），3分钟后喷蒸汽1次，以上火180℃／下火230℃烤约20分钟，转向，继续烘烤约20分钟。

芒果核桃长笛

面团里揉入芒果干、核桃，有浓醇的奶油奶酪馅。
使用了全麦种，让面包越咀嚼越能感受到小麦的香气，
清爽的芳香与酸甜的芒果味构成独特风味。

难易度★★

材料（约11根）

面团

A 全麦种———200g
B 法国粉———900g
　　冰凉水———600g
　　麦芽精———5g
　　低糖干酵母———10g
　　盐———18g
C 黄油———40g
D 核桃———250g
　　芒果干———200g

内馅

奶油奶酪———440g

基本工序

前种
全麦种

搅拌
盐、黄油除外，慢速搅拌
加盐中速搅拌至光滑，
加入黄油搅拌完全扩展
加入果干翻拌均匀
搅拌完成面温25℃

基础发酵
60分钟

分割
200g，轻拍，折成长条状

中间发酵
30分钟

整形
包馅，沾裸麦粉，整成长条状

最后发酵
40分钟

烘烤
前蒸汽、后蒸汽，
烤20分钟（230℃／200℃）

1

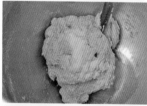

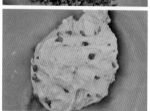

将全麦种（参见第37页）、材料B（盐除外）慢速搅拌均匀成团，加入盐搅拌至表面光滑，再加入黄油搅拌至面筋可完全扩展，最后加入材料D压切翻拌均匀。完成时面温25℃。

2

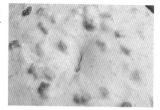

将面团整理成圆滑状态，基本发酵约60分钟。

3

将面团分割成200g×11个，拍平，折成长条状，中间发酵约30分钟。

4 A

整形法A。将面团均匀轻拍，翻面，在中间挤上奶油奶酪（40g），拉起两侧包覆馅料，捏紧收合。

4 B

整形法B。将面皮从一侧对折包覆住馅料，沿着接合口按压紧。

5

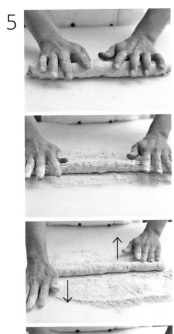

轻滚动面团均匀延长，沾裹裸麦粉，再在两边平行反向揉动，成螺旋状。

扭转时面团经过挤压，因此内部质地扎实饱满，外皮有香脆口感。

▼

6

面团收合处朝下，放在折出凹槽的发酵布上，最后发酵约40分钟。

烘焙

7

入炉后喷蒸汽1次（3秒），3分钟后喷蒸汽1次，以上火230℃／下火200℃烤约20分钟。

帕玛森核桃

搭配全麦种、液种制作，融入大量的核桃与奶酪丁，
朴素的面包风味衬托出核桃的芳香，
品尝得到香醇的丰富口感。

基本工序

前置面种
全麦种、液种

▼

搅拌
全麦种、液种、法国粉、冰凉水慢速搅拌
加盐中速至光滑，
加黄油慢速至完全扩展
加入坚果、奶酪丁翻拌均匀
搅拌完成面温25℃

▼

基础发酵
60分钟

▼

分割
300g，折叠滚圆

▼

中间发酵
30分钟

整形
橄榄形

▼

最后发酵
40分钟

▼

烘烤
洒裸麦粉，切口
前蒸汽、后蒸汽，
烤25分钟（230℃ / 210℃）

难易度★★

材料（约7个）

面团

A 全麦种——400g

B 液种——100g

C 法国粉——800g
冰凉水——500g
低糖干酵母——10g
盐——20g

D 黄油——40g

E 核桃——300g
帕玛森硬奶酪丁——80g

94

1 将全麦种（参见第37页）、液种（参见第36页）及材料C（盐除外）慢速搅拌成团，加入盐中速搅拌至表面光滑，加入黄油慢速搅拌至面筋可完全扩展，加入材料E压切翻拌均匀。完成时面温25℃。

基本发酵

2 将面团整理成圆滑状态，基本发酵约60分钟。

分割滚圆、中间发酵

3

将面团分割成300g×7个，折叠、拍扁、收合，收合口置底，滚圆状，中间发酵约30分钟。

整形、最后发酵

4

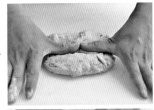

将面团轻拍，翻面，从己侧向中间压折，以拇指压紧，再将前端向中间折压，轻拍面团，翻折收合于底，整成橄榄形。捏紧收合口，又将收合口朝下放置烤盘上，最后发酵约40分钟。

5

洒上裸麦粉，用刮板在中间压切刀口（预留两端不切断），稍拉开切口，洒上裸麦粉即可。

烘焙

6 入炉后喷蒸汽1次（3秒），3分钟后喷蒸汽1次，以上火230℃／下火210℃烤约25分钟。

紫米彩豆吐司

将紫米加入面团，增添粒粒的口感与嚼劲，
还卷入各式香甜的彩豆，
是款可口养生的面包。

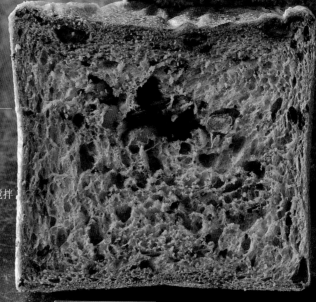

基本工序

前置面种
制葡萄菌水、蜂蜜种
搅拌中种，冷藏发酵12小时

▼

搅拌
盐除外的材料B、中种、蜂蜜种慢速搅拌
加盐中速搅拌，
加黄油搅拌完全扩展
搅拌完成面温23℃

▼

基础发酵
40分钟

▼

分割
217g，折叠滚圆

▼

中间发酵
30分钟

▼

整形
拍平，加蜜渍彩豆，滚圆
6个为1组，收口朝下放入900g模

▼

最后发酵
90分钟发酵至八九分满，盖上模盖

▼

烘烤
先烤20分钟（200℃／230℃），
转向再烤20分钟

难易度★

材料（约2条，每条1300g*）

主面团

A	蜂蜜种	150g
B	高筋面粉	300g
	熟紫米	220g
	芝麻粒	45g
	盐	18g
	炼奶	80g
	速溶干酵母	8g
	冰凉水	120g
C	黄油	60g

中种面团

高筋面粉	700g
葡萄菌水	100g
水	400g
速溶干酵母	2g

内馅

蜜渍彩豆	400g

编者注：*请注意本产品采用的吐司模具为900g尺寸，并非标值接近单个
产品重量的1200g吐司模。因为面团中的材料性质、模具烘烤时加盖影响
到面团的膨胀性，所以使用小一些的吐司模具以获得该有的面包质地。

1 将所有材料（葡萄菌水做法参见第32～33页）慢速搅拌成团，冷藏发酵约12小时。

2 将蜂蜜种（参见第37页）、中种面团、材料B（盐除外）慢速搅拌均匀成团，加入盐中速搅拌至表面光滑，再加入黄油搅拌至面筋可完全扩展。完成时面温23℃。

基本发酵

3 将面团整理成圆滑状态，基本发酵约40分钟。

分割滚圆、中间发酵

4 将面团分割成217g×12个（每条吐司6个），折叠、拍扁、收合，收合口置底，滚圆状,中间发酵约30分钟。

整形、最后发酵

5

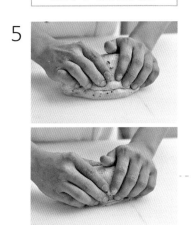

将面团轻拍成扁圆形，对折，收合于底成椭球状。再均匀轻拍，成椭圆片状。

6

在中间铺放蜜渍彩豆，底部（己侧）预留，卷折至底，捏紧收口，轻滚整形。

7

6个为1组、收口朝下放入900g吐司模中，最后发酵约90分钟，至模高的八九分满，盖上模盖。

烘焙

8 放入烤箱，以上火200℃／下火230℃烤约20分钟，转向，继续烘烤约20分钟。

魅力洛神

多种法结合运用，制作出柔软湿润的口感，
添加洛神花茶液，以及多种水果材料，提升整体香气，
水润的果脯不突兀地融入面团中，
充满洛神果酸甜的风味。

难易度 ★ ★ ★ ★ ★

材料（约4颗）

中种面团

法国粉——450g
速溶干酵母——8g
水——100g
洛神花茶液——200g

主面团

A 鲁邦种*——200g

B 盐——20g
　 蜂蜜——50g

C 洛神花蜜饯——100g
　 李子——200g
　 柚子皮——20g

低温水解种

法国粉——450g
洛神花茶液——300g
麦芽精——3g

* 鲁邦种200g也可用液种200g代替。

基本工序

水果材料混合拌匀隔日使用
前置面种
制鲁邦种
制中种、低温水解种（慢速搅拌，冷藏
12小时）

搅拌
将3种前置面种慢速搅拌
加盐慢速搅拌
加蜂蜜中速搅拌至完全扩展
搅拌完成面温20℃
取外皮面团600g，其余加入果材翻拌匀

基础发酵
45分钟，按压排气，翻面，再45分钟

分割
外皮150g，内层380g，折叠滚圆

中间发酵
30分钟

整形
外皮擀成椭圆片，内层整形成橄榄形，
斜放，捏合中间，贴合前后端

最后发酵
40分钟

烘烤
两端稍弯折成S形，洒裸麦粉，
切割刀口
前蒸汽、后蒸汽，
烤40分钟（220℃／200℃）

1 将材料C混合均匀，隔日使用。

中种、低温水解种

2 将中种面团的所有材料慢速搅拌成团，冷藏发酵约12小时。将低温水解种的所有材料慢速搅拌成团，冷藏静置12小时进行自我分解。

搅拌混合

3

将中种面团、鲁邦种（参见第34～35页）及低温水解种慢速搅拌成团，加入盐慢速搅拌均匀，加入蜂蜜拌匀，转中速搅拌至面筋可完全扩展，完成时面温20℃。

4

在面团中取600g做外皮；向剩余面团加入材料C，搅拌混合均匀。

基本发酵

5

将面团整理成圆滑状态，基本发酵约45分钟，以折叠的方式作3折2次的翻面，继续发酵约45分钟。

分割滚圆、中间发酵

6

内层

将面团分割成外皮面团150g×4个、内层面团380g×4个。将内层面团折叠、拍扁、收合，收合口置底，滚圆状，中间发酵约30分钟。

7

外皮

将外皮面团轻拍、翻面，卷折整形成橄榄状，冷藏静置。

整形、最后发酵

8

将内层面团轻拍、翻面，从己侧向中间翻折、用4指压紧，再将前端向后对折，用拇指在接合处压紧压出沟槽，再轻拍压平，再翻折，滚动搓揉，成橄榄形。

9

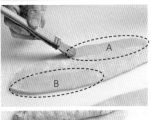

将外皮轻拍压，擀成椭圆片状排出空气，翻面，在斜对角边刷薄油，将面团以收口朝上斜放在面皮上，在中间捏紧面皮，前后端各有一侧面皮贴紧内层。面团收口朝下放置发酵布上，最后发酵约40分钟。

10

将面团两端稍弯折，形成S状，铺图模、洒裸麦粉，在前后端侧边各切划3刀。

烘焙

11 入炉后喷蒸汽1次（3秒），3分钟后喷蒸汽1次，以上火220℃／下火200℃烤约40分钟。

波尔多田园法国

面团里加了黑橄榄、青豆、坚果及奶酪丁，
散发着淡淡的咸香滋味，
以扭转成型的做法，
让食材本身的风味充分展现。

基本工序

搅拌
酵母、盐除外的材料A慢速搅拌
洒上酵母，静置水解20分钟
加盐快速搅拌至完全扩展
加入其余材料混匀
完成时面温25℃

基础发酵
60分钟，按压排气，翻面，再60分钟

分割
300g

整形
搓揉扭转成条状

最后发酵
30分钟

烘烤
前蒸汽、后蒸汽，
烤25分钟（230℃／200℃）

难易度★★★

材料（约7个）

面团

A			B		
法国粉	1000g		黑橄榄	80g	
冰凉水	700g		青豆仁	130g	
低糖干酵母	10g		松子（烤过）	40g	
麦芽精	3g		干蒜粉	13g	
盐	17g		奶酪丁	50g	
干燥罗勒叶	10g				

1
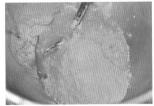

将材料A慢速搅拌均匀成团，停止搅拌，在表面洒上低糖干酵母，让面团自我分解20分钟。

▼

2

再加入盐，转快速搅拌至面筋可完全扩展，最后加入材料B叠压混匀（混合材料B的方法参见第111、112页，步骤3、4）。完成时面温25℃。

基本发酵

3 将面团整理成圆滑状态，基本发酵约60分钟，作3折2次的翻面，继续发酵约60分钟。

分割、整形、最后发酵

4

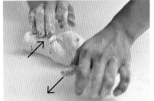

发酵前

发酵后

将面团轻拍均匀，分割成300g×7个，将每个面团扭卷成圆柱形，再从两端反向扭搓，成螺旋状，再均匀轻滚面团使其表面平整，放在折出凹槽的发酵布上，最后发酵约30分钟。

烘焙

5 入炉后喷蒸汽1次（3秒），3分钟后喷蒸汽1次，以上火230℃／下火200℃烤约25分钟，出炉。

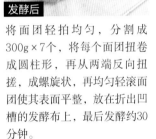

辛奇韩味泡菜

添加少许辣椒粉的面团,
表面铺放微辣泡菜、全蛋。
Q弹柔软的面包体,
透着微微的辛香辣味,风味十足。

基本工序

搅拌

法国粉、冰凉水、麦芽精慢速搅拌
洒上酵母、静置水解20分钟
慢速搅拌后、加盐、辣椒粉快速搅拌
搅拌完成温度24℃

基础发酵

45分钟,按压排气、翻面,45分钟

分割
150g,折叠滚圆

中间发酵
30分钟

整形
拍成圆扁状

最后发酵
30分钟

烘烤
铺放泡菜馅、打入全蛋
前蒸汽、后蒸汽,
烤15分钟(260℃ / 220℃)
薄刷橄榄油,洒上奥勒冈叶

难易度★★

材料(约11个)

面团

法国粉	——1000g
冰凉水	——700g
低糖干酵母	——8g
麦芽精	——3g
盐	——20g
韩国辣椒粉	——15g

表面馅料

韩式泡菜	——550g
蛋	——11个

1

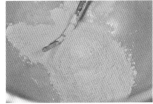

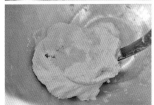

将法国粉、冰凉水、麦芽精慢速搅拌均匀成团，停止搅拌，在表面洒上低糖干酵母，让面团进行自我分解20分钟。

2

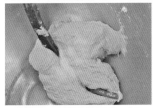

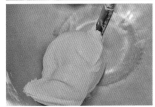

先慢速搅拌，再加入盐、辣椒粉转快速搅拌至面筋可完全扩展（可拉出均匀薄膜）。完成时面温24℃。

基本发酵

3 将面团整理成圆滑状态，基本发酵约45分钟，作3折2次的翻面，继续发酵约45分钟。

分割滚圆、中间发酵

4 将面团轻拍均匀，分割成150g×11个，折叠、拍扁、收合，收合口置底，滚圆，中间发酵约30分钟。

整形、最后发酵

5

将面团均匀轻拍成扁圆状，翻面，放置烤盘上最后发酵约30分钟。

6

在中间圆形区域用手指按压平均，铺放韩式泡菜，再打入全蛋。

烘焙

7 入炉后喷蒸汽1次（3秒），3分钟后喷蒸汽1次，以上火260℃／下火220℃烤约15分钟，出炉，薄刷橄榄油，洒上奥勒冈叶调味。

岩烧双料起司

利用法国面包面团，添加4种风味的奶酪馅，
外层还粘附奶酪，
形成饱满浓郁的双奶酪口味；
由于烘烤时盖上烤盘，不易干燥，
所以成品有湿润的质地。

基本工序

前置面种
液种

▼

搅拌
液种、材料B（盐除外）慢速搅拌，
中速搅拌至光滑
加盐中速搅拌至完全扩展
搅拌完成面温25℃

▼

基础发酵
45分钟，按压排气，翻面，再45分钟

▼

分割
80g，折叠滚圆

▼

中间发酵
30分钟

▼

整形
轻拍，包馅，整成圆球状，
喷水、粘奶酪丝

▼

最后发酵
30分钟

▼

烘烤
表面加盖烤盘
前蒸汽、后蒸汽，
先烤10分钟（230℃/200℃）
取出烤盘，再烤6分钟

难易度★★★

材料（约24颗）

面团

A 液种——200g

B 法国粉——1000g
　　冰凉水——700g
　　低糖干酵母——4g
　　麦芽精——3g
　　盐——20g

C 高熔点奶酪丁——480g
　　帕玛森奶酪丝——240g
　　奶油奶酪——480g
　　双色披萨丝——240g

D 黑胡椒粉——少许
　　双色披萨丝——适量

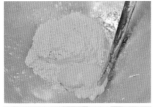

1

将液种（参见第36页）及材料B（盐除外）慢速搅拌成团，转中速搅拌至表面光滑，再加入盐搅拌至面筋可完全扩展，完成时面温25℃。

基本发酵

2 将面团整理成圆滑状态，基本发酵约45分钟，作3折2次的翻面，继续发酵约45分钟。

分割滚圆、中间发酵

将面团分割成80g×24个，折叠、拍扁、收合，收合口置底，滚圆状，中间发酵约30分钟。

整形、最后发酵

4

将面团轻拍、翻面，在表面撒少许黑胡椒粉，每颗面团放双色披萨丝10g、奶酪丁20g、奶油奶酪20g、帕玛森奶酪丝10g。

5

依上下、左右顺序拉起面皮包覆馅料，再捏紧收合口、整成圆球状，表面喷水雾，沾上双色披萨丝，收合口朝下放置烤盘上，最后发酵约30分钟。送入烤炉前，表面覆盖烤焙纸，加盖一层烤盘。

烘焙

6 入炉后喷蒸汽1次（3秒），3分钟后喷蒸汽1次，以上火230℃／下火200℃烤约10分钟，取出上面覆盖的烤盘和纸，续烤约6分钟。

星钻蓝莓奶酪

在面团里融入蓝莓粒、蓝莓干，营造出别有的色泽与清新风味，
吃得到果粒的口感，与浓郁的奶油奶酪馅搭配成绝妙好味。

基本工序

前置面种
液种

▼

搅拌
液种、材料B（盐除外）慢速搅拌，
加盐中速搅拌至完全扩展
加入果干翻拌均匀
搅拌完成面温25℃

▼

基础发酵
60分钟

▼

分割
160g，折叠滚圆

▼

中间发酵
30分钟

▼

整形
拍扁、包馅，收合成不规则纹路收口，
沾裹高筋面粉

▼

最后发酵
30分钟

▼

烘烤
前蒸汽、后蒸汽，
烤20分钟（220℃／200℃）

难易度 ★★★

材料（约16颗）

面团

A 液种———100g

B 法国粉———1000g
　　冰凉水———650g
　　麦芽精———3g
　　低糖干酵母———8g
　　冷冻蓝莓粒———80g
　　盐———18g

C 蓝莓干———80g
　　核桃———150g

蓝莓奶酪馅

奶油奶酪———768g
冷冻蓝莓粒———77g
蔓越莓干———115g

1 将所有材料搅拌混合均匀。

搅拌混合

2 将液种（参见第36页）及材料B（盐除外）慢速搅拌成团，加盐中速搅拌至面筋可完全扩展，最后加入材料C翻拌均匀，完成时面温25℃。

基本发酵

3

将面团整理成圆滑状态，基本发酵约60分钟。

分割滚圆、中间发酵

4

将面团分割成160g×16个，折叠、拍扁、收合，收合口置底，滚圆状，中间发酵约30分钟。

整形、最后发酵

5

将面团对折，收合于底、滚圆，轻拍，翻面，在中间包入蓝莓奶酪馅（60g/颗），聚拢周边面皮包覆馅料，不要完全捏紧。

6

将面团沾高筋面粉，收口朝下放在事先撒上大量高筋面粉的烤盘上，最后发酵约30分钟，翻面让裂口朝上。

烤盘先撒上大量面粉，可避免面团粘黏，同时也能让表面纹路更加明显。

烘焙

7 入炉后喷蒸汽1次（3秒），3分钟后喷蒸汽1次，以上火220℃／下火200℃烤约20分钟，出炉。

地中海巧巴达

无油脂，包覆丰富蔬材、奶酪，洋溢着南法清爽的滋味。
加入内馅材料时特别注意避免面团内气体的流失，所以采用折叠的手法混合。
外皮酥脆、内里柔韧。横剖切开后拿去包夹火腿或乳酪，也别具风味。

基本工序

前置面种
法国老面
▼
搅拌
盐、酵母除外，慢速搅拌，停止搅拌
洒上酵母，静置水解20分钟
加法国老面慢速搅拌，加盐快速搅拌
加入蔬材翻拌
完成时面温25℃
▼
基础发酵
60分钟，翻面，再60分钟
▼
分割、整形
320g，正方形
▼
最后发酵
20分钟
▼
烘烤
洒上高筋面粉，割纹4道
前蒸气、后蒸气，
烤25分钟（230℃ / 200℃）

难易度★★★

材料（约8颗）

面团

A 法国老面———300g

B 法国粉———1000g
　　冰凉水———680g
　　低糖干酵母———10g
　　麦芽精———3g
　　盐———18g

C 罗勒叶———50g
　　黄甜椒———120g
　　红甜椒———120g
　　双色披萨丝———150g
　　干燥洋葱丝———60g

搅拌混合

1

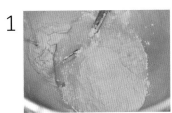

将材料B（盐、酵母除外）慢速搅拌均匀成团，停止搅拌，在表面洒上低糖干酵母，让面团自我分解20分钟。

2

3

加入法国老面（参见第36页）慢速搅拌均匀，加入盐，转快速搅拌至面筋可完全扩展。完成时面温25℃。

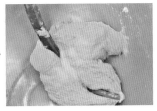

将面团轻拍压成方片状，铺放双色披萨丝，再铺放其他蔬材，卷折成圆柱状。

4

纵放

横放

分切成4等份，以切面纵横交错的形式叠放，再对切，而后重叠、压整。

6

将面团轻拍平整，整形成四方状，分割成320g×8个正方形，放置烤盘上最后发酵约20分钟，洒上高筋面粉，在表面四周切划4道纹呈菱形状。

烘焙

7　入炉后喷蒸汽1次（3秒），3分钟后喷蒸汽1次，以上火230℃／下火200℃烤约25分钟，出炉。

巧巴达（Ciabatta）又称拖鞋面包。常见的吃法有单纯以面包沾佐橄榄油食用；或者依喜好加入烟熏火腿、肉制品、奶酪、生鲜蔬菜，搭配沙沙酱或其他酱汁，也很美味。

基本发酵

5　将面团整理成圆滑状态，基本发酵约60分钟，作3折2次的翻面，继续发酵约60分钟。

多美多番茄

变化版的蘑菇面包，圆滚滚的花俏造型超吸睛，
把圆形面团压成花样状，放在圆球面团上再倒扣过来发酵，就成了番茄模样。
改变表层的面皮，享受不同的变化乐趣。

基本工序

前置面种
鲁邦种
▼
搅拌
材料B（盐除外）慢速搅拌
加盐快速搅拌，加橄榄油慢速至完全扩展
搅拌完成面温25℃
▼
基础发酵
50分钟
▼
分割
外皮35g，内层120g，折叠滚圆
▼
中间发酵
30分钟
▼
整形
内层包覆油渍番茄馅
外皮压切出花形
组合
▼
最后发酵
30分钟
▼
烘烤
洒高筋粉，番茄干装缀
前蒸汽、后蒸汽，
烤20分钟（230℃／210℃）

难易度 ★ ★ ★ ★

材料（约12颗）

面团

A 鲁邦种*——200g

B 法国粉——1000g
　麦芽精——3g
　冰凉水——620g
　低糖干酵母——6g
　奥勒冈叶——5g
　盐——20g

C 橄榄油——30g

油渍番茄馅

奶油奶酪——480g
番茄干——144g
黑橄榄——48g
蘑菇片——48g
黑胡椒粒——少许

＊ 鲁邦种200g也可用液种200g代替使用。

油渍番茄馅

1 将所有材料混合拌匀。

搅拌混合

2

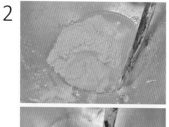

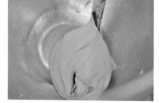

将鲁邦种（参见第34～35页）、材料B（盐除外）慢速搅拌均匀成团后，加入盐中速搅拌至表面光滑，加入橄榄油慢速搅拌至面筋可完全扩展（可拉出均匀薄膜），完成时面温25℃。

基本发酵

3

将面团整理成圆滑状态，基本发酵约50分钟。

分割滚圆、中间发酵

4

将面团分割成外皮面团35g×12个，内层面团120g×12个，折叠、拍扁、收合，收合口置底，滚圆状，中间发酵约30分钟。

5

内层

将内层面团轻拍，包入油渍番茄馅（约60g），捏合收口，而后收口向下放置。

▼

6

外皮

将外皮面团轻拍，用擀面棍擀成稍大于圆球底的圆片，再用花形模框按压出花形。

▼

7

将花形外皮翻面，在外围薄刷橄榄油（中间不涂刷），油面向下铺放在圆形面团上。再将整个面团倒扣，放置发酵布上，捏合圆球面团的收口，最后发酵约30分钟。再倒置整个面团让花形面朝上，洒上高筋面粉，将手指稍沾湿后在花瓣中心戳出凹孔，放入对切的番茄干，稍微按压固定作为蒂。

8 入炉后喷大量蒸汽1次（3秒），3分钟后喷蒸汽1次，以上火230℃ / 下火210℃烤约20分钟。

BREAD.2

经典人气的欧式面包

比起讲究小麦质朴风味的法式面包，欧式面包多了点奶油与甜度，

因不同素材的搭配，口感、滋味明显丰富……

活用谷物的特质，发酵出自然的香气，

引出粉类、果干、坚果中的甘甜，提升嚼感。

丰富口感及风味，让欧风面包更加出色！

EUROPEAN
BREAD

美粒果

混合液种、鲁邦种，制作出香醇的甜味与湿润的口感；
液种里用到玫瑰花茶，
主面团里加入冷冻蓝莓粒、酒渍草莓干以及其他风味的果干，
优雅的玫瑰茶香与果干香气，
让整个面包的滋味更加深邃。

难易度★★★★★

材 料（约4颗）

中种面团（液种）

法国粉——300g
葡萄菌水——200g
水——100g
蜂蜜——50g
低糖干酵母——2g
玫瑰花茶叶——7g

主面团

A 鲁邦种*——200g
B 高筋面粉——700g
    水——390g
    盐——16g
    麦芽精——3g
    低糖干酵母——8g
    冷冻蓝莓粒——40g
C 橄榄油——30g
D 草莓干——200g
    草莓利口酒——50g
E 葡萄干——65g
    蔓越莓干——65g
    柚子丝——30g
    橘皮丁——30g

＊ 鲁邦种200g也可用液种200g代替。

基本工序

前置
制备鲁邦种、葡萄菌水，浸泡草莓干
慢速搅拌液种，冷藏发酵12小时

▼

搅拌
中种面团、鲁邦种及其他基材慢速搅拌
加盐快速搅拌至光滑，
加橄榄油中速搅拌至完全扩展
搅拌完成温度25℃
取400g做外皮，其余加果材拌匀

▼

基础发酵
45分钟，按压排气，翻面，再45分钟

▼

分割
外皮100g，内层500g，折叠滚圆

▼

中间发酵
内层30分钟，外皮冷藏40分钟

▼

整形
外皮擀圆，内层折叠成圆状，
包覆整形成球形

▼

最后发酵
40分钟

▼

烘烤
洒上高筋面粉，切割米字形
前蒸汽、后蒸汽，
烤35分钟（220℃／180℃）

119

酒渍草莓干

1 草莓干切小块，放入草莓利口酒浸泡隔天至完全入味。

中种面团（液种）

2 将葡萄菌水（参见第32～33页）及其他所有材料混合，慢速搅拌均匀，冷藏（约4~7℃）静置约12小时。

玫瑰花茶叶（细末）先用水浸泡，再一起投入。

搅拌混合

3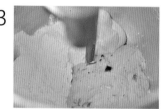

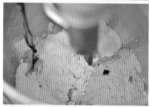

将【做法2】、鲁邦种（参见第34～35页）及材料B（盐除外）慢速搅拌混合均匀，加盐转快速搅拌至表面光滑，再加入橄榄油中速搅拌至面筋可完全扩展（可拉出均匀薄膜）。完成时面温25℃。

▼

4

取面团（约400g）准备做外皮；将剩余面团加入酒渍草莓干、材料E，搅拌混合均匀，做成内层面团。

基本发酵

5

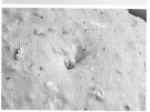

将内层面团整理成圆滑状态，基本发酵约45分钟，以折叠的方式作3折2次的翻面，再继续发酵约45分钟。

分割滚圆、中间发酵

6

内层

将面团分割成外皮100g×4个，内层500g×4个。
将内层面团切口收合，收合口转向底部、滚圆，中间发酵约30分钟。

▼

7

外皮

将外皮面团切口收合、整成球形，收合口转向底部，冷藏静置约40分钟。

整形、最后发酵

8

内层

将内层面团翻折、收合成圆球状，轻拍平，再次包折收合整成圆球状，收合口朝下放置。

9

外皮

将外皮面团沾粉、拍压扁，擀平成圆片。

10

* 薄刷油脂会使面皮稳定，并且不与内层沾黏，烘烤后形成花瓣。

将外皮薄刷油，油面向下覆盖内层面团，而后将外皮四向延展，再将整个面团倒过来，收合外皮完整包覆内层，捏紧收合口，放置发酵布上最后发酵约40分钟。铺放图模，洒上高筋面粉，切划出米字形切口。

烘焙

11 入炉后喷蒸汽1次（3秒），3分钟后喷蒸汽1次，以上火220℃／下火180℃烤约35分钟。

121

巴黎香颂樱桃

用葡萄菌水搭配红糖水冷藏制作，提升甜度风味，
再搭配法国老面，制成风味十足的面团，
内部夹藏樱桃干、蓝莓干及核桃，更有口感好滋味。

难易度★★★★★

材料（约5颗）

中种面团

高筋面粉——300g
葡萄菌水——100g
水——100g
红糖水＊——50g
速溶干酵母——2g

主面团

A 法国老面——200g
B 法国粉——700g
　盐——16g
　速溶干酵母——8g
　蜂蜜——30g
　冰凉水——450g
C 黄油——50g
D 樱桃干——200g
　蓝莓干——60g
　核桃——100g

＊ 红糖水制作参见第158页。

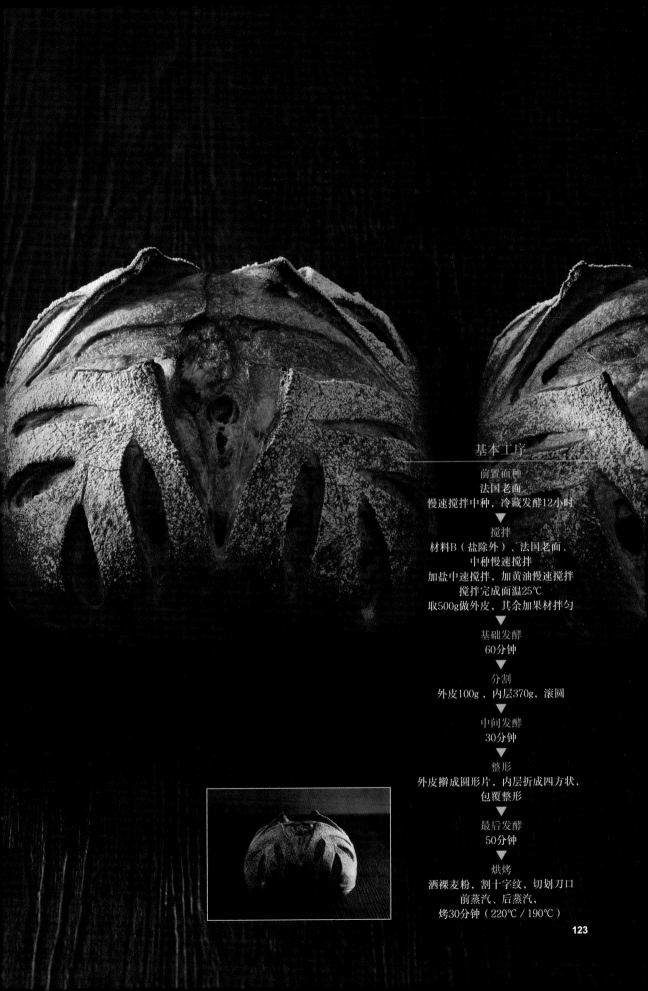

基本工序

前置面种
法国老面
慢速搅拌中种，冷藏发酵12小时

⬇

搅拌
材料B（盐除外）、法国老面、
中种慢速搅拌
加盐中速搅拌，加黄油慢速搅拌
搅拌完成面温25℃
取500g做外皮，其余加果材拌匀

⬇

基础发酵
60分钟

⬇

分割
外皮100g，内层370g，滚圆

⬇

中间发酵
30分钟

⬇

整形
外皮擀成圆形片，内层折成四方状，
包覆整形

⬇

最后发酵
50分钟

⬇

烘烤
洒裸麦粉，割十字纹，切划刀口
前蒸汽，后蒸汽，
烤30分钟（220℃／190℃）

1 将所有材料慢速搅拌成团，冷藏静置约12小时。

搅拌混合

2
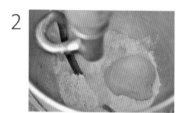

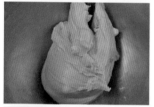

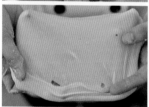

将中种面团、主面团材料B（盐除外）、法国老面（参见第36页）慢速搅拌成团，加盐中速搅拌至光滑，再加黄油慢速搅拌至面筋可完全扩展（可拉出均匀薄膜），面温25℃。

3

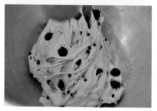

取面团约500g准备做外皮；剩余面团加入材料D拌匀，用做内层面团。

基本发酵

4
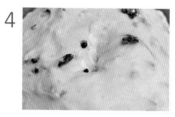

将面团整理成圆滑状态，基本发酵约60分钟。

分割滚圆、中间发酵

5

内层

将面团分割成外皮100g×5个，内层370g×5个。
将内层面团轻拍，收合切口，收合口朝下滚圆，中间发酵约30分钟。

6

外皮

将外皮面团轻拍，收合切口，收合口朝下滚圆，中间发酵约30分钟。

整形、最后发酵

7

外皮

将外皮面团轻拍、翻面，擀成圆形片。

8

内层

将内层面团包折、收合成圆球，均匀轻拍平，翻面，捏起左右端朝中间对折、压实，转向，轻压长新的左右端，再将左右端朝中间对折捏合，整成四方形状。

9

将外皮薄刷橄榄油，刷油面朝下覆盖在方形面团上（面团收合口朝下），再将面皮四角延展开成正方形，而后将整个面团倒过来，再将面皮相对两端拉起、捏紧收合，再将另外每端的两边拉开，让端变成边，拉起包覆内层，两边确实捏合紧。面团收口朝下放置烤盘上，最后发酵约50分钟，洒上裸麦粉，表面切划十字后，再在四角切划4刀。

| 烘烤 |

10 入炉后喷蒸汽1次（3秒），3分钟后喷蒸汽1次，以上火220℃／下火190℃烤约30分钟。

柑橘乡村巧克力

添加可可粉及坚果、橘皮丁制成的面团，酸甜醇香。
放进专用的藤篮发酵后，沾粘藤篮里的面粉形成纹路。
（没有藤篮的话，整形划刀后烘烤也别有一番风味。）

难易度★★★★★

材料（约4颗）

面团

A 法国老面——200g

B 高筋面粉——1000g
黑炭可可粉——20g
细砂糖——10g
速溶干酵母——10g
冰凉水——680g
蜂蜜——20g
盐——20g

C 核桃——100g
水滴巧克力——150g
橘皮丁——50g

基本工序

前置面种
法国老面

↓

搅拌
法国老面、材料B（盐除外）慢速搅拌
加盐中速搅拌，加入果材拌匀
完成时面温25℃

↓

基础发酵
50分钟

↓

分割
外皮100g，内层450g，收合滚圆

↓

中间发酵
30分钟

↓

整形
内层收合成圆状；外皮擀圆，刷油
外皮包覆内层，整形成球
收口朝上放藤篮

↓

最后发酵
50分钟

↓

烘烤
划切刀口
前蒸汽、后蒸汽，
烤35分钟（220℃／190℃）

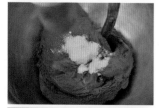
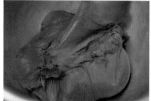

将法国老面（参见第36页）及材料B（盐除外）慢速搅拌混合均匀，加盐中速搅拌至面筋可完全扩展（可拉出均匀薄膜），加入材料C拌匀。完成时面温25℃。

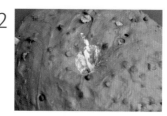

将面团整理成圆滑状态，基本发酵约50分钟。

内层

将面团分割成外皮100g×4个，内层450g×4个。
将内层面团轻拍，收合切口，收合口朝下滚圆，中间发酵约30分钟。

外皮

将外皮面团轻拍，收合切口，收合口朝下滚圆，中间发酵约30分钟。

内层

将内层面团轻拍扁，收合成圆球状，收合口朝下放置。

6

外皮

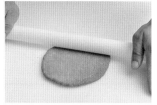

收口朝下

将外皮面团轻拍，擀成圆形片状，薄刷油，油面向下覆盖球形面团，再将面皮四角延展开，而后将整个面团倒过来，拉起面皮四角互相捏紧，再将整颗面团朝开口捏聚，捏合外皮使之完整包覆内层。

7

用网筛在藤篮内筛满高筋面粉，将面团收口朝上放置藤篮中，轻按压，最后发酵约50分钟，而后倒扣在烤盘上，在表面如图划切刀口。

轻按压可帮助藤篮上的粉料均匀沾覆到面团表面。

| 烘焙 |

8 入炉后喷蒸汽1次（3秒），3分钟后喷蒸汽1次，以上火220℃／下火190℃烤约35分钟。

蜂香土耳其

加入蜂蜜种，有蜂蜜香甜滋味，越嚼越散发甘醇，
蜂蜜的香气和面团里的核桃、果干及巧克力非常对味。

基本面团
蜂蜜种

↓

搅拌
加入盐除外面团基材、蜂蜜种慢速搅拌
加盐中速搅拌至光滑
加黄油慢速至完全扩展，加果材拌匀
完成时面温25℃

▼

基础发酵
45分钟

▼

分割
350g，收合滚圆

▼

中间发酵
30分钟

▼

整形
圆球状

▼

最后发酵
50分钟

▼

烘烤
洒裸麦粉，划切5道口
前蒸汽、后蒸汽，
烤25分钟（210℃／180℃）

难易度★★

材料（约6颗）

面团

A 蜂蜜种——950g

B 高筋面粉——500g
盐——18g
速溶干酵母——12g
冰凉水——325g

C 黄油——20g

D 核桃——70g
柚子丝——70g
蔓越莓干——70g
水滴巧克力——50g
蜂蜜丁——50g

1

将蜂蜜种（参见第37页）及材料B（盐除外）慢速搅拌成团，加入盐中速搅拌至表面光滑，加入黄油慢速搅拌至面筋可完全扩展（可拉出均匀薄膜），加入材料D拌匀。完成时面温25℃。

2

将面团整理成圆滑状态，基本发酵约45分钟。

3

将面团分割成350g×6个，收合切口，收合口朝下滚圆，中间发酵约30分钟。

4

将面团包折收合，轻拍平，再包折收合捏紧成圆球状，收合口朝底，放置烤盘上，最后发酵约50分钟。

撒上裸麦粉，用割纹刀切划出5道口。

5 入炉后喷蒸汽1次（3秒），3分钟后喷蒸汽1次，以上火210℃ / 下火180℃烤约25分钟。

茶香青提子

淡淡红茶香搭配青提子葡萄的微酸甜，更显得顺口。
让红茶粉末在红糖水中充分浸泡、释出香味是重点。

难易度★★★

材料（约6颗）

中种面团

高筋面粉——500g
水——300g
速溶干酵母——4g
葡萄菌水——200g

主面团

A 液种——200g
　　高筋面粉——400g
　　红糖水*——240g
　　伯爵红茶粉——18g
　　速溶干酵母——6g
　　盐——16g
B 水滴巧克力——120g
　　青提子——200g

＊ 红糖水制作参见第158页。

＊ 红糖水制作参见第158页。

基本工序

前置面种
制备液种
慢速搅拌中种，冷藏发酵12小时
▽
搅拌
盐除外的所有材料A、中种慢速搅拌
加盐快速搅拌至完全扩展
加材料B慢速拌匀
搅拌完成面温26℃
▽
基础发酵
60分钟
▽
分割
380g，折叠滚圆
▽
中间发酵
30分钟
▽
整形
三角状
▽
最后发酵
50分钟
▽
烘烤
洒高筋面粉，切划刀口
前蒸汽、后蒸汽，
烤20分钟（210℃／170℃）

中种面团

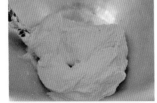

将葡萄菌水（参见第32～33页）及其他材料搅拌混合成团，冷藏静置约12小时。

搅拌混合

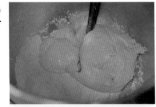

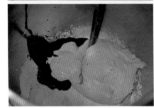

将中种面团、液种（参见第36页）及盐除外的材料A慢速搅拌成团，加盐快速搅拌至面筋可完全扩展（可拉出均匀薄膜）。完成时面温26℃。

伯爵红茶粉提前投入红糖水中浸泡，至释出香味。

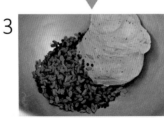

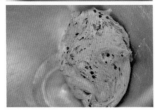

加入材料B拌匀。

基本发酵

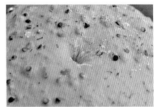

将面团整理成圆滑状态，基本发酵约60分钟。

分割滚圆、中间发酵

将面团分割成380g×6个，往切口处包折、收合成圆球，收合口朝下滚圆，中间发酵约30分钟。

6

将面团对折，转向后再对折，轻拍成中间稍厚的饼状。

7

翻面，由三边聚拢面团，固定中心接合口，捏紧三条边，整成三角形。

8

发酵前

发酵后

收合口朝下放置烤盘上，最后发酵约50分钟。

在面团上放图形模具，洒高筋面粉，在两边各切划一刀。

烘焙

9 入炉后喷蒸汽1次（3秒），3分钟后喷蒸汽1次，以上火210℃／下火170℃烤约20分钟。

紫麦能量棒

将高筋粉与紫麦粉、黑麦粉调配使用，
加入鲁邦种，以直接法释放麦粉的风味，
面团中包覆自制蜜芋头丁及奶酪丁，
让面包尝起来非常顺口、香醇。

难易度★

材料（约10个）

面团

A 鲁邦种*——100g

B 高筋面粉——700g
　　紫麦粉**——200g
　　黑麦粉——100g
　　细砂糖——30g
　　速溶干酵母——10g
　　冰凉水——650g
　　盐——10g

C 黄油——50g

D 葡萄干——200g

内馅

蜜芋头丁——300g
高熔点奶酪丁——150g

* 鲁邦种100g可用等量的液种代替。
** 若没有紫麦粉，可直接使用等量的全麦面粉代替。

基本工序

前置面种
鲁邦种

▼

搅拌
材料B（盐除外）、鲁邦种慢速搅拌
加盐中速搅拌至光滑，
加黄油慢速搅拌至完全扩展，加葡萄干
搅拌完成面温26℃

▼

基础发酵
50分钟

▼

分割
200g，折叠滚圆

▼

中间发酵
30分钟

▼

整形
轻拍扁，铺放内馅，整成长条

▼

最后发酵
30分钟

▼

烘烤
撒高筋面粉，割纹
前蒸汽、后蒸汽，
烤18分钟（230℃／190℃）

中种面团

1

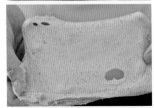

将鲁邦种（参见第34～35页）及材料B（盐除外）慢速搅拌成团，加入盐中速搅拌至表面光滑，再加入黄油搅拌至面筋可完全扩展（可拉出均匀薄膜），加入葡萄干拌匀。完成时面温26℃。

基本发酵

2

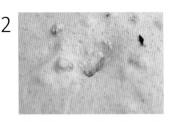

将面团整理成圆滑状态，基本发酵约50分钟。

分割滚圆、中间发酵

3

发酵前

发酵后

将面团分割成200g×10个，轻拍，而后折叠、收合，收合口置于底部、滚动搓揉，整成椭球状，中间发酵约30分钟。

4

将面团均匀轻拍扁，翻面。在中间铺放蜜芋头丁（30g）、高熔点奶酪丁（15g）。拉起两边的面皮捏紧，完整包住馅料，再轻滚动面团整形成长条（约15cm长）。

5

收口朝上

面团收口朝上，放置折出凹槽的发酵布上，最后发酵约30分钟。将收口转朝下，在表面筛洒高筋面粉，切划6道口。

将面团收口朝上放置发酵帆布上，有利于膨胀，让发酵进行得更均匀。

烘焙

6 入炉后喷蒸汽1次（3秒），3分钟后喷蒸汽1次，以上火230℃／下火190℃烤约18分钟。

蜜芋头丁

材料

芋头1个（约600g）、细砂糖100g、水100g

做法

1. 芋头去皮切小块，放入蒸锅，蒸熟取出。

2. 细砂糖、水煮沸，离火，加入芋头丁焖约30分钟，待冷却，冷藏浸泡，使用前沥干糖水即可。

＊ 蜜芋头不易保存，易腐坏，最好一次使用完毕。

139

裸麦起司球

在表面剪5刀，深及内馅。
烘烤成形后就能看到内馅诱人的色泽。

基本工序

前置
葡萄菌水

搅拌
盐除外材料A、葡萄菌水慢速搅拌成团
加盐中速搅拌至光滑
加黄油慢速至完全扩展
完成时面温25℃

▼

基础发酵
50分钟

▼

分割
100g，收合滚圆

▼

中间发酵
30分钟

▼

整形
拍平，收圆，拍平，包馅，整成圆球状

▼

最后发酵
40分钟

▼

烘烤
洒裸麦粉，剪5刀
前蒸汽、后蒸汽，
烤16分钟（210℃／180℃）

难易度★

材料（约19颗）

面团

A	高筋面粉	850g
	裸麦粉	150g
	细砂糖	50g
	速溶干酵母	10g
	盐	20g
	奶粉	50g
	葡萄菌水	200g
	冰凉水	500g
B	黄油	80g

坚果奶酪馅

奶油奶酪	1000g
蔓越莓干	200g
核桃（烤过）	300g

1

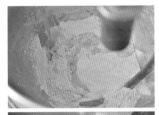

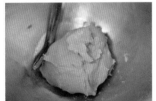

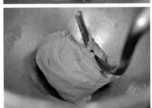

将葡萄菌水（参见第32～33页）、所有材料A（盐除外）慢速搅拌成团，加入盐中速搅拌至表面光滑，再加入黄油慢速搅拌至面筋可完全扩展（可拉出均匀薄膜）。完成时面温25℃。

2

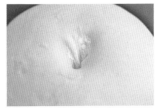

将面团整理成圆滑状态，基本发酵约50分钟。

3

将面团分割成100g×19个，向切口收合，收合口朝下滚圆，中间发酵约30分钟。

4

将面皮轻拍扁以排气，再拉整收合成圆球，再轻拍压成圆片状，翻面。

5

在面皮中间抹上坚果奶酪馅（约60g），聚拢面皮包覆内馅，捏紧收合成圆球，收口朝下放置烤盘上，最后发酵约40分钟，洒上裸麦粉，在中间剪5刀，深及内馅。

6 入炉后喷蒸汽1次（3秒），3分钟后喷蒸汽1次，以上火210℃／下火180℃烤约16分钟。

金钻红酒法国

添加自制红酒凤梨，润泽香甜之中带着隐约的果酸味，
麦子、坚果与酒渍果干交织成的醇厚芳香，
加上特殊的整形手法，让风味深邃迷人。

难易度★★★★★

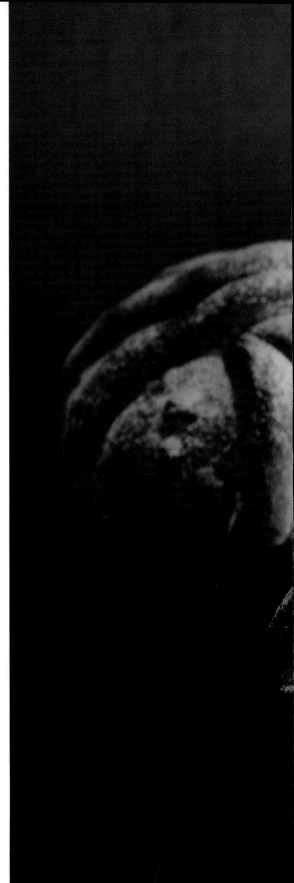

材料（约5颗）

中种面团

高筋面粉——400g
裸麦粉——100g
水——300g
速溶干酵母——4g
葡萄菌水——200g

主面团

A 液种——200g
高筋面粉——400g
细砂糖——100g
速溶干酵母——6g
盐——16g
冰凉水——200g
蜂蜜——30g

B 红酒凤梨——250g
核桃——100g

基本工序

前置
制备液种、葡萄菌水
慢速搅拌中种，冷藏发酵12小时
▼
搅拌
盐除外的材料A、中种慢速搅拌
加盐中速搅拌至完全扩展
取400g做外皮，
其余加红酒风梨、核桃拌匀
完成时面温25℃
▼
基础发酵
60分钟
▼
分割
外皮80g，内层380g，折叠滚圆
▼
中间发酵
30分钟
▼
整形
内层折叠滚圆；外皮成长条形，
分成2个长X形，交叠放置表面
▼
最后发酵
50分钟
▼
烘烤
洒裸麦粉
前蒸汽、后蒸汽，
烤25分钟（210℃／170℃）

红酒凤梨

1

红酒（450g）、红糖（50g）混合，煮至糖融化，加入凤梨干（900g）小火熬煮至收汁入味即可。

中种面团

2 将葡萄菌水（参见第32~33页）及所有材料慢速搅拌成团，冷藏发酵约12小时。

搅拌混合

3

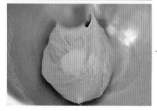

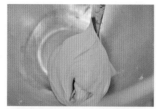

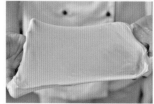

将中种面团、主面团材料A（盐除外，其中液种参见第36页）慢速搅拌成团，加入盐中速搅拌至面筋可完全扩展（可拉出均匀薄膜）。

4

从面团中取约400g准备做外皮；剩余面团中，加入材料B搅拌均匀，准备做内层。完成时面温25℃。

基本发酵

5

将面团整理成圆滑状态，基本发酵约60分钟。

分割滚圆、中间发酵

6

外皮

内层

将面团分割成外皮80g×5个，内层380g×5个。外皮折叠收合成长条；内层往切口包折收合，收合口朝下滚圆。中间发酵约30分钟。

7

内层

将内层面团对折，转向纵放再对折，轻拍扁，而后收合捏紧整成圆球，收合口朝下放置。

8

外皮

将外皮擀扁，分切二等份（每份40g）。将每一份对折，从端头切开（不切断），而后摊展开。

9

扭转1圈

将X形长条片2片交叉铺放在面团上。将相邻的4端收于底固定；将另4端所在的2条交叉扭转，再将4端收于底固定。放置烤盘上最后发酵约50分钟。洒上裸麦粉。

10 入炉后喷蒸汽1次（3秒），3分钟后喷蒸汽1次，以上火210℃ / 下火170℃烤约25分钟。

欧香乳酪吐司

将高筋面粉混合全麦粉，以鲜奶取代水制作成。
面团内卷入奶酪丁，烘烤后有柔软滑顺的口感。
内层柔软，香气扑鼻，外层酥脆芳香，
一款风味圆醇的欧风乳酪吐司。

难易度★

材料（约8条，每条330g）

面团

A 高筋面粉——950g
　全麦粉——50g
　盐——12g
　细砂糖——120g
　冰鲜奶——700g
　速溶干酵母——12g
B 黄油——80g
C 核桃——150g

内馅

高熔点奶酪丁——560g

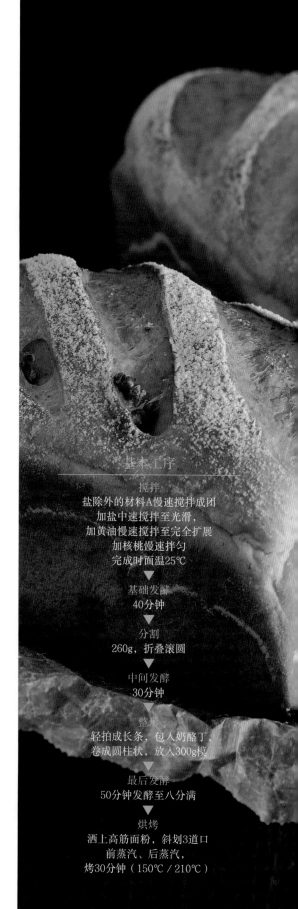

基本工序

搅拌
盐除外的材料A慢速搅拌成团
加盐中速搅拌至光滑，
加黄油慢速搅拌至完全扩展
加核桃慢速拌匀
完成时面温25℃

▽

基础发酵
40分钟

▽

分割
260g，折叠滚圆

▽

中间发酵
30分钟

▽

整形
轻拍成长条，包入奶酪丁，
卷成圆柱状，放入300g模

▽

最后发酵
50分钟发酵至八分满

▽

烘烤
洒上高筋面粉，斜划3道口
前蒸汽、后蒸汽，
烤30分钟（150℃／210℃）

1

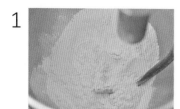

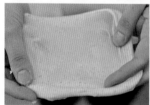

将所有材料A（盐除外）慢速
搅拌成团，加入盐中速搅拌至
表面光滑，加入黄油慢速搅拌
至面筋可完全扩展（可拉出均
匀薄膜）。

2

搅拌完成状态，可拉出均匀薄
膜，再加入核桃慢速搅拌均
匀。完成时面温25℃。

基本发酵

3

将面团整理成圆滑状态，基本
发酵约40分钟。

4

将面团分割成260g×8个。将
面团对折，转向后再对折，轻
拍，往切口处收合、捏紧，收
合口置于底部滚圆。中间发酵
约30分钟。

5

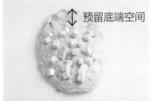

↕ 预留底端空间

侧面示意图

将面团轻拍扁成椭圆形，翻面，铺放高熔点奶酪丁70g，但己侧1/3区域空着，而后从前端卷起面团，至底端用手指压紧接合处并按薄面皮，再滚动面团接合紧密，成圆柱状，收口置于底。

6

放入300g吐司模中，最后发酵约50分钟，至模高八分满，撒上高筋面粉，表面斜划3道纹。

烘焙

7

入炉后喷蒸汽1次（3秒），3分钟后喷蒸汽1次，以上火150℃／下火210℃烤约30分钟。

维也纳美莓

以鲜奶代替水，搭配融合的水滴巧克力与蔓越莓，
制成芳香独特、皮脆内软的维也纳风味面包，
有别于外皮酥脆的法国长棍类面包，
算是口感稍偏软的软式欧风面包。

基本工序

前置面种
蜂蜜种
▼
搅拌
蜂蜜种、盐除外的材料B慢速搅拌成团
加盐中速搅拌至光滑
加黄油慢速至完全扩展，加材料D拌匀
完成时面温26℃
▼
基础发酵
50分钟
▼
分割
120g，折叠滚圆
▼
中间发酵
30分钟
▼
整形
整成长条形
▼
最后发酵
40分钟
▼
烘烤
切划9道口
前蒸汽、后蒸汽，
烤14分钟（210℃／180℃），刷油

难易度★★★

材料（约18条）

面团

A 蜂蜜种——100g
B 法国粉——1000g
　细砂糖——10g
　盐——20g
　奶粉——20g
　速溶干酵母——10g
　冰鲜奶——650g

C 黄油——80g
D 水滴巧克力——200
　蔓越莓干——100g

1

将蜂蜜种（参见第37页）、材料B（盐除外）慢速搅拌成团，加入盐中速搅拌至表面光滑，加入黄油慢速搅拌至面筋可完全扩展（可拉出均匀薄膜），最后加入材料D拌匀。完成时面温26℃。

基本发酵

2

将面团整理成圆滑状态，基本发酵约50分钟。

分割滚圆、中间发酵

3

将面团分割成120g×18个，轻拍，翻面后卷折搓揉成长条，中间发酵约30分钟。

整形、最后发酵

4

将面团轻拍扁，翻面，从前端卷折至底，底部压薄后与面团确实贴合，由中央朝两端滚揉成细长状。

5

将面团收合口朝上，放置折出凹槽的发酵布上，最后发酵约40分钟。转为收合口朝下，在表面切划9刀。

烘焙

6 入炉后喷蒸汽1次（3秒），3分钟后喷蒸汽1次，以上火210℃／下火180℃烤约14分钟，出炉，表面薄刷黄油。

森朵荞麦坚果

添加荞麦粉，拌入大量坚果、果干，
再加入红糖水提显风味甜度，
圆融柔和，充满元气，极具口感风味的坚果面包。

难易度★★★★★

材料（约4颗）

面团

A 高筋面粉——900g
　　荞麦粉——100g
　　速溶干酵母——9g
　　葡萄菌水——200g
　　冰凉水——350g
　　红糖水*——160g
　　盐——16g
　　黑芝麻——50g
B 黄油——40g
C 松子——100g
　　核桃——100g
　　葡萄干——100g

* 红糖水的制作参见第158页。

基本工序

搅拌
葡萄菌水、盐除外的材料A慢速成团
加盐中速搅拌至光滑，
加黄油慢速搅拌至完全扩展
完成时面温25℃
取出520g，其余加入材料C拌匀
▼
基础发酵
60分钟
▼
分割
外皮130g，内层400g，折叠滚圆
▼
中间发酵
30分钟
▼
整形
内层包折成球形，外皮擀圆片切划刀口
外皮包覆内层
▼
最后发酵
50分钟
▼
烘烤
洒上裸麦粉
前蒸汽、后蒸汽，
烤35分钟（210℃／180℃）

153

1

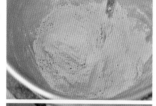

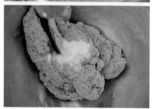

将材料A（盐除外，葡萄菌水参见第32~33页）慢速搅拌成团，加入盐中速搅拌至表面光滑，加入黄油慢速搅拌至面筋可完全扩展（可拉出均匀薄膜）。完成时面温25℃。

▼

2

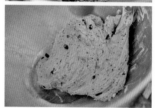

从面团中取约520g准备做外皮；向剩余面团加入材料C拌匀，准备做内层。

基本发酵

3

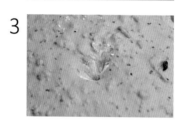

将面团整理成圆滑状态，基本发酵约60分钟。

分割滚圆、中间发酵

4

内层

外皮

将外皮面团分切成130g×4个，内层面团分割成400g×4个。将内层面团轻拍，向切口包折收合，收合口置于底部滚圆；外皮面团做同样操作。中间发酵约30分钟。

整形、最后发酵

5

内层

将内层面团轻拍扁，收合成圆球，收口朝下放，再轻拍压，再收合成圆球，收口朝下放置。

▼

6

外皮

将外皮面团轻拍后擀成圆片，翻面，用刮板在表面4侧各切划出2道口，形成十字状图样。

▼

7

在外皮上放置圆形面团（收口朝下）。拉起外皮4侧的线状面皮，贴合在面团表面，在中心处用手指按压戳出凹洞固定。再分别拉起各侧边面皮贴合面团表面、在中心粘住，再用拇指按压到底固定成型。放置烤盘上最后发酵约50分钟，洒上裸麦粉。

烘焙

8 入炉后喷蒸汽1次（3秒），3分钟后喷蒸汽1次，以上火210℃ / 下火180℃烤约35分钟。

布朗休格葡萄

添加醇香的自制红糖水，让面包带出特殊的红糖香气，
加之红糖块、坚果与葡萄干的颗粒感，
面包丰美甘醇的香气滋味让人无法抗拒。

难易度★★

材料（约7颗）

中种面团

法国粉——500g
葡萄菌水——250g
水——250g

主面团

A 高筋面粉——500g
    盐——15g
    速溶干酵母——10g
    冰凉水——150g
    红糖水——160g
B 黄油——50g
C 葡萄干——280g
    核桃——100g
    红糖块——60g

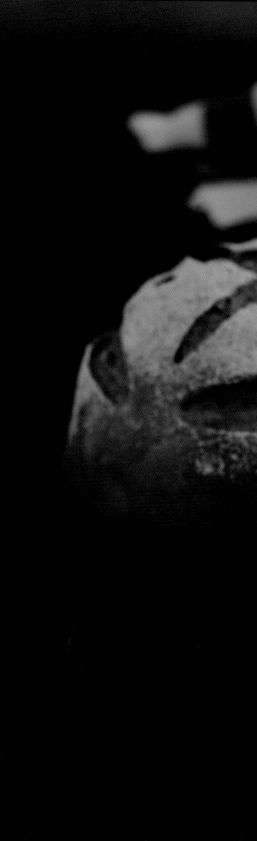

基本工序

前置
制备葡萄菌水
慢速搅拌中种，室温发酵12小时
煮红糖水

▼

搅拌
盐除外的材料A、中种慢速搅拌成团
加盐中速搅拌至光滑
加黄油慢速至完全扩展，
加材料C拌匀
完成时面温25℃

▼

基础发酵
60分钟

▼

分割
320g，滚圆

▼

中间发酵
30分钟

▼

整形
整成圆球状

▼

最后发酵
40分钟

▼

烘烤
洒裸麦粉，
划切四边刀口、中间十字刀口
前蒸汽、后蒸汽，
烤22分钟（210℃／180℃）

157

将红糖80g、水80g混合拌匀，加热煮沸至糖完全溶解，待冷却使用。

中种面团

将葡萄菌水（参见第32～33页）及所有材料搅拌均匀成团，室温发酵约12小时。

搅拌混合

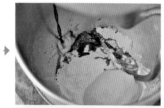

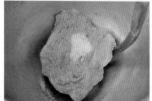

将中种面团、材料A（盐除外）慢速搅拌成团，加入盐中速搅拌至表面光滑，再加入黄油慢速搅拌至面筋可完全扩展（可拉出均匀薄膜），再加入材料C拌匀。完成时面温25℃。

基本发酵

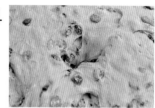

将面团整理成圆滑状态，基本发酵约60分钟。

分割滚圆、中间发酵

发酵前

发酵后

将面团分割成320g×7个，包折、收合成球，收合口朝下滚圆，中间发酵约30分钟。

6

将面团轻拍扁，再对折、收合，口置于底，再轻拍压，再包折、收合捏紧，整形成圆球。

7

发酵前

发酵后

面团收口朝下放置烤盘上，最后发酵约40分钟。

洒上裸麦粉，先在边沿切划4刀成正方形，再在中间割上2刀成十字形。

8

入炉后喷蒸汽1次（3秒），3分钟后喷蒸汽1次，以上火210℃／下火180℃烤约22分钟。

159

莓果森林

添加了蜂蜜种，面包带有微微的蜂蜜香，
搭配蓝莓粒、葡萄干、蔓越莓干、橘皮丁，
4种水果香气聚集，外加核桃坚果，
让面团充满丰收果味，风味芳醇。

难易度★★★

材料（约7颗）

面团

A 蜂蜜种——200g

B 高筋面粉——1000g

　　细砂糖——60g

　　盐——20g

　　速溶干酵母——12g

　　鲜奶——150g

　　冰凉水——360g

　　红酒——150g

　　冷冻蓝莓粒——40g

C 黄油——60g

D 葡萄干——125g

　　蔓越莓干——125g

　　橘皮丁——50g

　　核桃——100g

基本工序

前置面种
蜂蜜种

▼

搅拌
蜂蜜种、盐除外的材料B慢速搅拌
加盐中速搅拌至光滑
加黄油慢速搅拌至完全扩展，
加材料D拌匀
完成时面温25℃

▼

基础发酵
60分钟

▼

分割
360g，收合滚圆

▼

中间发酵
30分钟

▼

整形
橄榄形

▼

最后发酵
50分钟

▼

烘烤
洒上高筋面粉，划切刀口
前蒸汽、后蒸汽，
烤25分钟（210℃／180℃）

1

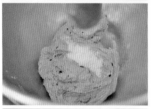

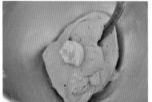

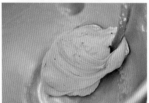

将蜂蜜种（参见第37页）、所有材料B（盐除外）慢速搅拌成团，加入盐中速搅拌至表面光滑，加入黄油搅拌至面筋可完全扩展（可拉出均匀薄膜）。

▼

2

加入材料D拌匀。完成时面温25℃。

基本发酵

3

将面团整理成圆滑状态，基本发酵约60分钟。

分割滚圆、中间发酵

4

将面团分割成360g×7个，轻拍，往切口收合，收合口置底滚圆，中间发酵约30分钟。

整形、最后发酵

5

将面团轻拍，对折收合，收合口置底再均匀轻拍，翻面竖放，将己侧边的面团延展压薄。

▼

6

从顶端向下卷折，收合于底，确实按压密合。再滚动搓揉两端，整成橄榄形。

7

放置烤盘上最后发酵约50分钟，洒上高筋面粉，两侧各划切3道口。

烘焙

8

入炉后喷蒸汽1次（3秒），3分钟后喷蒸汽1次，以上火210℃／下火180℃烤约25分钟。

恋夏雪藏芒果

将带有特殊香气的芒果干加在面团里，
面团再包覆特殊的芒果奶酪馅，
充满果香气味，浓郁香醇。

难易度★★

材料（约6颗）

面团

A 高筋面粉——950g
全麦面粉——50g
速溶干酵母——10g
细砂糖——150g
盐——20g
奶粉——30g
蛋白——80g
冰凉水——540g
B 黄油——80g
芒果干——300g

芒果奶酪馅

奶油奶酪——220g
糖粉——55g
芒果泥——28g

基本工序

搅拌
盐除外的材料A慢速搅拌
加盐慢速搅拌至光滑
加黄油慢速搅拌至完全扩展，
加芒果干拌匀
搅拌完成面温25℃

▽

基础发酵
50分钟

▽

分割
360g，收合滚圆

▽

中间发酵
30分钟

▽

整形
拍长条，拉开
抹上芒果乳酪馅，整成橄榄形

▽

最后发酵
50分钟

▽

烘烤
洒高筋面粉，切划5道纹
前蒸汽、后蒸汽，
烤25分钟（210℃／180℃）

1

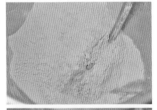
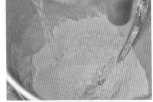
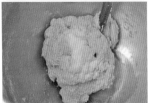

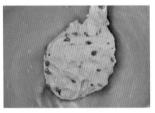

将所有材料A（盐除外）慢速搅拌成团，加入盐搅拌至表面光滑，再加入黄油搅拌至面筋可完全扩展（可拉出均匀薄膜），加入芒果干拌匀。完成时面温25℃。

基本发酵

2

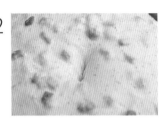

将面团整理成圆滑状态，基本发酵约50分钟。

分割滚圆、中间发酵

3

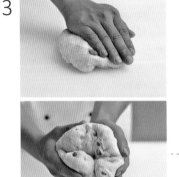

发酵前

发酵后

将面团分割成360g×6个，将每个面团轻拍，往切口包折、收紧，收口置底滚圆。中间发酵约30分钟。

整形、最后发酵

4

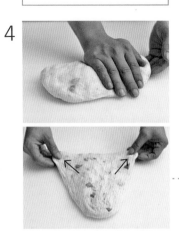

将面团轻拍成长条状，在底侧两边延展开，成中间稍厚的三角形状，翻面，在中间表面抹上芒果乳酪馅（约50g）。

▼

5

从顶端向下卷折至底，确实按压密合，滚动搓揉两端，整成橄榄形。

▼

6

收口朝下，放置烤盘上最后发酵约50分钟，筛洒高筋面粉，切划5道纹。

7

入炉后喷蒸汽1次（3秒），3分钟后喷蒸汽1次，以上火210℃／下火180℃烤约25分钟。

金麦胚芽啤酒

使用带有啤酒风味的发酵种，增添深邃的芳香。
将坚果烤过后再充分泡水才加入面团，
提高保水性，烘烤后散发坚果香气。
特殊的整形手法，加之图腾印记，
完成味觉与视觉兼备的面包美学。

难易度★★★★★

材料（约5颗）

中种面团

全麦粉——250g
高筋面粉——250g
黑麦啤酒——200g
葡萄菌水——200g

主面团

A 法国粉——500g
冰凉水——290g
红糖水——200g
胚芽粉——15g
速溶干酵母——8g
盐——15g

B 亚麻籽——20g
葡萄干——160g
核桃——80g
葵瓜子——50g
南瓜子——70g
松子——30g
腰果——20g
泡坚果的水——150g

基本工序

前置
制备葡萄菌水
慢速搅拌中种，室温发酵16小时
烤熟坚果，浸泡

↓

搅拌
盐除外的材料A、中种面团慢速搅拌
加盐中速搅拌
搅拌完成温度25℃
取外皮600g；其余加浸泡坚果拌匀

↓

基础发酵
90分钟

↓

分割
外皮120g，整成三角形；
内层350g，整成球形

↓

中间发酵
30分钟

↓

整形
外皮擀成三叶状，切划刀口；
内层折叠成三角包状。内外层组合

↓

最后发酵
60分钟

↓

烘烤
铺纸模，酒高筋粉
前蒸汽、后蒸汽，
烤30分钟（200℃／180℃）

1 将材料B的坚果烤熟，加水浸泡（投入面团混拌前15分钟浸泡）。

> 烤熟坚果如果直接投入面团中混拌，会吸收面团中的水分，所以将其浸泡，可添加少量水分。

中种面团

2 将葡萄菌水（参见第32~33页）及其他所有材料慢速搅拌均匀成团，室温发酵约16小时。

搅拌混合

3
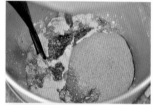
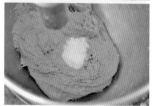
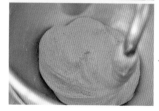

将主面团材料A（盐除外）、中种面团慢速搅拌混合，加入盐中速搅拌至面筋可完全扩展（可拉出均匀薄膜）。搅拌完成面温25℃。

4
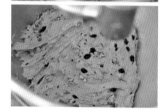

切取面团约600g准备做外皮；向剩余面团加入步骤1做好的坚果，拌匀，做内层面团。

基本发酵

5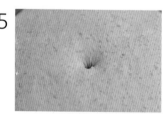

将面团整理成圆滑状态，基本发酵约90分钟。

6

外皮

内层

将面团分割成外皮120g×5个，内层350g×5个。将外皮轻拍后聚拢成三角状，捏紧三条收合边，而后将收合口置于底部。内层面团对折后收合成圆球，收合口置于底部。中间发酵约30分钟。

7

外皮

将外皮面团在各边腰部聚拢，再擀平，成三叶状。

8

内层

内层面团从己侧向前对折，转向纵放再对折，轻拍压后聚拢，塑整成三角状，由中心点开始捏紧三条收合边。

9

在外层面皮每叶上分别用刮板切划出二道口（不切断），将相邻的两细边接合。
将外层面皮覆盖内层面团（内层面团收口朝下），将面皮边缘和端头确实收合于底部，放置烤盘上，最后发酵约60分钟。
铺纸模，洒上高筋面粉。

烘焙

10 入炉后喷蒸汽1次（3秒），3分钟后喷蒸汽1次，以上火200℃／下火180℃烤约30分钟。

171

柚香蜜见金枣

添加葡萄种，搭配红豆粉、柚子酱，使面包带有特殊的香甜滋味。
将金枣干、柚子酱投入奶油奶酪特调成馅，包覆在内层，
让内层口感有别于表面的坚硬，整体相当Q弹。

基本工序
————————————
前置面种
葡萄种

▼

搅拌
盐除外的所有材料B、葡萄种慢速搅拌
加盐中速搅拌至光滑，
加黄油慢速搅拌至完全扩展
加入果干、柚子酱拌匀
搅拌完成面温25℃

▼

基础发酵
50分钟

▼

分割
220g，折叠滚圆

▼

中间发酵
30分钟

▼

整形
拍成长条，抹馅，卷成长条

▼

最后发酵
50分钟

▼

烘烤
洒上裸麦粉，切划5刀
弯成马蹄形
前蒸汽、后蒸汽，
烤16分钟（210℃／180℃）

难易度 ★ ★

材 料（约5颗）

面团

A	葡萄种——400g
B	高筋面粉——800g
	红豆粉——20g
	细砂糖——40g
	盐——20g
	速溶干酵母——10g
	冰凉水——450g
C	黄油——60g
D	柚子酱——100g
	金枣干——150g
	核桃——150g

柚子金枣馅

奶油奶酪——385g

柚子酱——26g

金枣干——77g

糖粉——12g

1　金枣干去籽切碎，加入其余材料搅拌混合均匀。

2
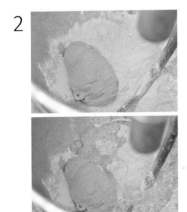

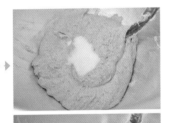

将葡萄种（参见第32～33页）、所有材料B（盐除外）慢速搅拌成团，加入盐中速搅拌至面团表面光滑，加入黄油慢速搅拌至面筋可完全扩展。

3
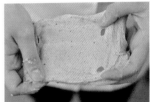
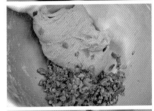

搅拌完成状态，面团可拉出均匀薄膜。加入材料D拌匀。完成时面温25℃

4

将面团整理成圆滑状态，基本发酵约50分钟。

6

将面团轻拍成长条状，翻面，在表面中间挤上柚子金枣馅（约50g），对折面团覆盖住内馅并捏合紧，按压面团使接口确实粘紧，轻滚动、均匀延展成长条。

分割滚圆、中间发酵

5

将面团分割成220g×10个，将每个轻拍，往切口处收合折叠，揉成椭球状，收合口置底，中间发酵约30分钟。

7

面团收口朝下，放置折出凹槽的发酵布上，最后发酵约50分钟，筛洒上高筋面粉，在表面切划5刀，弯曲成马蹄状。

烘焙

8 入炉后喷蒸汽1次（3秒），3分钟后喷蒸汽1次，以上火210℃／下火180℃烤约16分钟。

蕉心巧克力

把香蕉干及巧克力融入面团中，
就会得到弥漫香甜味道的面包。
面包表面沾覆巧克力酥波萝，做成爱心的造型，
一款让人露出笑容的美味面包。

基本工序

前置
制备蜂蜜种
制作巧克力酥波萝

搅拌
盐除外的材料B、蜂蜜种慢速搅拌成团
加盐快速搅拌至光滑
加黄油慢速至完全扩展，加材料D拌匀
搅拌完成面温26℃

基础发酵
50分钟

分割
110g，滚圆

中间发酵
30分钟

整形
整成长条形，表面沾附巧克力酥波萝，
整成心形

最后发酵
40分钟

烘烤
前蒸汽、后蒸汽，
烤16分钟（220℃／190℃）
筛洒糖粉

难易度★★★

材料（约6个）

面团

A 蜂蜜种——450g
B 高筋面粉——1000g
　　盐——18g
　　速溶干酵母——15g
　　冰凉水——680g
　　可可粉——30g
　　细砂糖——80g
C 黄油——20g
D 香蕉干——300g
　　水滴巧克力——100g

巧克力酥波萝

低筋面粉——500g
细砂糖——400g
黄油——300g
可可粉——100g

巧克力酥波萝

1

将黄油、细砂糖搅拌松软，加入低筋面粉、可可粉拌匀成粉粒状。

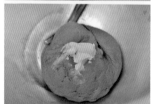

搅拌混合

2

将蜂蜜种（参见第37页）、材料B（盐除外）慢速搅拌成团，加入盐快速搅拌至面团表面光滑，再加入黄油慢速搅拌至面筋可完全扩展（可拉出均匀薄膜），加入香蕉干、水滴巧克力拌匀。完成时面温26℃。

3

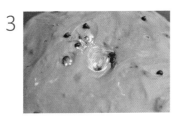

将面团整理成圆滑状态，基本发酵约50分钟。

分割滚圆、中间发酵

4

将面团分割成220g×6组（110×12个），将面团轻拍、对折后搓揉成长条状，中间发酵约30分钟。

5

将面团轻拍平、翻面，从一端开始卷，卷至另一端，沿着接口压实，再均匀滚动延长。

6

将面团搓揉细长，以2条为1组，稍喷水雾后放到巧克力酥波萝堆上滚动沾附。将2条面团塑整成心形，接合处捏紧，放置烤盘上最后发酵约40分钟。

烘焙

7　入炉后喷蒸汽1次（3秒），3分钟后喷蒸汽1次，以上火220℃／下火190℃烤约16分钟，出炉，筛洒糖粉。

薄荷巧克力

结合薄荷香草与水滴巧克力，
清凉的薄荷香气加上香甜的水滴巧克力，让风味更显独特，
立体有型的三角外形，让面包从里到外都呈现独有的特色。

难易度★★★★

材 料（约5颗）

中种面团A

高筋面粉——700g
水——450g
速溶干酵母——8g

中种面团B

胚芽粉——50g
葡萄菌水——50g

主面团

A 高筋面粉——300g
细砂糖——80g
盐——15g
冰凉水——200g
薄荷叶（干）——40g
B 黄油——60g
C 水滴巧克力——150g

基本工序

前置面种
搅拌中种A，冷藏发酵12小时
搅拌中种B，室温12小时

搅拌
盐除外的主面团材料A、中种A、中种B
慢速搅拌
加盐快速搅拌，加黄油慢速，
搅拌完成面温25℃

基础发酵
50分钟

分割
40g，折叠滚圆

中间发酵
30分钟

整形
包馅，整成三角状

最后发酵
50分钟

烘烤
切划叶脉纹路
前蒸汽、后蒸汽，
烤25分钟（220℃ / 190℃）

1　制作中种面团A：将所有材料搅拌混合成团，冷藏静置约12小时。

▼

2　制作中种面团B：将所有材料（其中葡萄菌水参见第32~33页）搅拌混合成团，室温静置约12小时。

搅拌混合

3

将主面团材料A（盐除外）、中种面团A、中种面团B慢速搅拌成团，加入盐快速搅拌至面团表面光滑，再加入黄油慢速搅拌至面筋可完全扩展（可拉出均匀薄膜），完成时面温25℃。

水滴巧克力（步骤6用到）也可在面团搅拌至完全扩展阶段时加入拌匀。

基本发酵

4

将面团整理成圆滑状态，基本发酵约50分钟。

分割滚圆、中间发酵

5

发酵前

发酵后

将面团分割成400g×5个，将每个轻拍，往切口处包折收合，收合口置底滚圆，中间发酵约30分钟。

紧实表面后，接合口处必须确实捏合。

6

将面团轻拍，在表面铺放水滴巧克力（约30g），收合面团包覆内馅，捏紧收合口。

▼

7

将面团沾粉后，在三侧分别按压出峡线，再从峡线开始分别朝外擀压，形成面团中间鼓起的三角形态。

▼

8

再将擀开的三侧边折起贴在面团表面上，中心处压紧，而后倒置放在烤盘上，最后发酵约50分钟。再翻面，让三角皮面朝上，洒上裸麦粉，而后在三侧边分别切划出3条纹路。

9　入炉后喷蒸汽1次（3秒），3分钟后喷蒸汽1次，以上火220℃／下火190℃烤约25分钟。

艾威特

采用裸麦种并在其中添加蜂蜜与葡萄菌水，提升面团香气；
以红酒浸泡果干过夜，让红酒风味融入其中，
充分提引面包香味，更显香醇。

难易度★★★★★

材料（约4颗）

中种面团（裸麦种）

裸麦粉——75g
高筋面粉——225g
葡萄菌水——162g
蜂蜜——75g

主面团

A 高筋面粉——700g
　低糖干酵母——12g
　麦芽精——3g
　红酒——70g
　盐——18g
　冰凉水——450g
B 核桃——70g
　无花果干——100g
　蔓越莓干——50g
　杏桃干——70g
　葡萄干——50g
　橘皮丁——20g
　红酒——少许

基本工序

前置
准备葡萄菌水。用红酒浸泡果干。
慢速搅拌裸麦中种，室温发酵12小时

搅拌
盐除外的材料A、裸麦中种慢速搅拌
加盐中速搅拌至完全扩展
搅拌完成面温26℃
取400g做外皮，其余加材料B拌匀

基础发酵
40分钟，按压排气，翻面，再40分钟

分割
外皮100g，内层450g，折叠滚圆

中间发酵
30分钟

整形
外皮擀圆，内层整成球状，
外皮包覆内层

最后发酵
45分钟

烘烤
洒粉，割纹
前蒸汽、后蒸汽，
烤25～30分钟（220℃／180℃）

1

将葡萄菌水（参见第32～33页）、所有材料慢速搅拌均匀成团，室温静置发酵12小时。

2

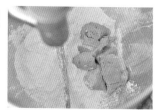

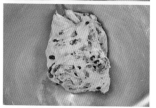

将裸麦种、所有材料A（盐除外）慢速搅拌成团，加入盐中速搅拌至面筋可完全扩展（可拉出均匀薄膜），完成时面温26℃。

取出400g准备做外皮；向其余面团加入材料B（须提前一天用材料中的红酒浸泡各果材过夜）拌匀，做内层面团。

3

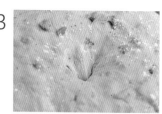

将面团整理成圆滑状态，基本发酵约40分钟。

作3折2次的翻面，继续发酵40分钟。

4

内层

将外皮面团分割成100g×4个，内层面团分割成450g×4个。

将内层面团折叠，收合成球，收合口置底滚圆，中间发酵30分钟。

5

外皮

将外皮面团轻拍、折叠、拍扁、收合，收合口置底滚圆，中间发酵30分钟。

6

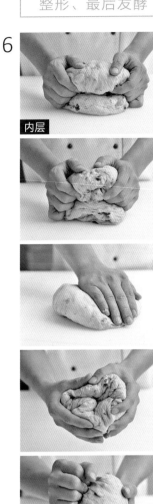

内层

将内层面团从已侧向前对折，转向后再对折；收合处朝下放，轻拍；再将面皮向收合处包起、拉整成圆球状，收合口朝下放置。

▼

7

外皮

预留外圆

8

将外皮面团轻拍平，擀成圆片状，翻面，中间薄刷油（外围不涂刷），覆盖在内层面团上。将面皮延展开，而后整个面团倒置，再将面皮相对拉起捏合，逐渐完整包覆内层。

将面团收口朝下放置烤盘上，最后发酵45分钟，喷水雾、筛洒裸麦粉，在表面切划出螺旋形刀纹：6刀在中心点相交，6刀不相交。

9 入炉后喷蒸汽1次（3秒），3分钟后喷蒸汽1次，以上火220℃／下火180℃烤约25～30分钟。

185

养生八宝果

口感朴实的杂粮养生面包，面团中添加浸泡后的谷物，
烘烤后不仅有小麦的原始香味，还有谷物以及果干的迷人香气。

基本工序

前置
准备葡萄菌水
慢速搅拌中种，室温发酵12小时
谷物材料烘烤后泡水

▼

搅拌
盐除外的材料A、中种慢速搅拌成团
加盐中速搅拌至光滑
加黄油慢速至完全扩展，加材料C拌匀
搅拌完成面温25℃

▼

基础发酵
60分钟

▼

分割
400g，收合滚圆

▼

中间发酵
30分钟

▼

整形
整成橄榄形

▼

最后发酵
50分钟

▼

烘烤
洒高筋面粉，划X形刀纹
前蒸汽、后蒸汽，
烤20分钟（210℃／170℃）

难易度★★★★

材料（约6颗）

中种面团

高筋面粉——500g
蜂蜜——200g
葡萄菌水——250g

主面团

A　高筋面粉——500g
　　盐——12g
　　速溶干酵母——10g
　　冰凉水——450g
B　黄油——20g
C　泡水谷物多种（详见步骤1）——200g
　　葡萄干——200g
　　柚子干——80g

1　准备谷物材料：黑芝麻17g、白芝麻17g、荞麦粒17g、葵花籽17g、亚麻籽17g、核桃34g。将它们烘烤后用水83g浸泡，备用。（在投入面团前15分钟制作。）

中种面团

2　将葡萄菌水（参见第32～33页）及所有材料慢速搅拌成团，室温静置发酵约12小时。

搅拌混合

3

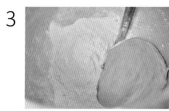
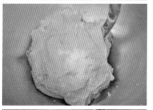
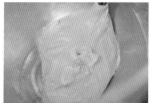

将中种面团及所有材料A（盐除外）慢速搅拌成团，加入盐中速搅拌至表面光滑，加入黄油搅拌至面筋可完全扩展（可拉出均匀薄膜），加入【做法1】及其他材料C拌匀。完成时面温25℃。

基本发酵

4

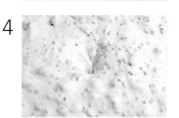

将面团整理成圆滑状态，基本发酵约60分钟。

分割滚圆、中间发酵

5　将面团分割成400g×6个，往切口处收合，收合口朝下滚圆，中间发酵约30分钟。

整形、最后发酵

6

将面团轻拍，已侧两端延展，形成三角形。翻面，从顶端向下卷，压实接合处，滚动搓揉两端整成橄榄形。放置烤盘上最后发酵约50分钟。洒上高筋面粉，在中间切划X形刀纹。

烘焙

7　入炉后喷蒸汽1次（3秒），3分钟后喷蒸汽1次，以上火210℃／下火170℃烤约20分钟。

贝里斯虎纹

添加咖啡奶酒，搭配果干、坚果，让面包突显芳香滋味。
在面团表面均匀涂抹的面糊，带出层次口感，
烘烤后形成像虎斑一样的纹路，口感薄脆酥香相当地特别。

难易度★★★★

材料（约7颗）

面团

A 法国老面———200g
B 高筋面粉———1000g
　　细砂糖———155g
　　盐———10g
　　速溶干酵母———12g
　　冰凉水———335g
　　咖啡奶酒———80g
　　鲜奶———250g
　　咖啡粉———20g
C 黄油———150g
D 蔓越莓干———120g
　　葡萄干———120g
　　核桃———120g

内馅

奶油奶酪———560g

表层面糊

籼米粉———130g
高筋面粉———25g
色拉油———25g
水———131g
细砂糖———15g
盐———5g
速溶干酵母———7g

基本工序

前置
制备法国老面
混合表层面糊发酵90分钟
▼
搅拌
盐除外的材料B、法国老面慢速搅拌
加盐中速搅拌至光滑
加黄油慢速至完全扩展，加果干
搅拌完成面温26℃
▼
基础发酵
60分钟，按压排气，翻面，再30分钟
▼
分割
360g，滚圆
▼
中间发酵
30分钟
▼
整形
包覆内馅，整成椭球形
▼
最后发酵
40分钟
▼
烘烤
表面涂抹面糊
前蒸汽、后蒸汽，
烤23分钟（220℃／180℃）

1

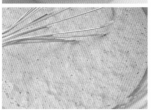

将水、速溶干酵母搅拌溶化，加入色拉油拌匀，再加入其他材料混合拌匀，室温静置发酵约90分钟。

2 将材料B中的咖啡粉、鲜奶加热至香味溢出，放冷待用。

▼

3

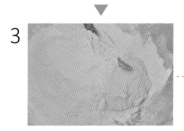

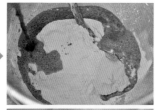

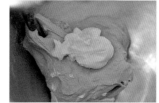

将法国老面（参见第36页）及材料B（盐除外）慢速搅拌成团，加入盐中速搅拌至表面光滑，再加入黄油慢速搅拌至面筋可完全扩展（可拉出均匀薄膜），加入材料D拌匀。完成时面温26℃。

4

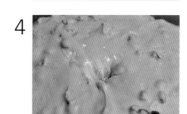

将面团整理成圆滑状态，基本发酵约60分钟。
作3折2次的翻面，再继续发酵约30分钟。

5

将面团分割成360g×7个，将每颗面团轻拍，往切口处收合，收合口置底滚圆。
中间发酵约30分钟。

6

将面团轻拍成长条状，翻面，转向纵放，在前后两端挤上奶油奶酪馅。

▼

7

从己端向上对折，以手指压实接口；再从前端向下对折，压实接口，让中间地带出现沟槽；再在中间挤上奶油奶酪馅，将面团对折并压紧收合处，将收合口置底，滚动搓揉面团两端整成椭球状。

▼

8

将面团收合口朝下放置烤盘上，最后发酵约40分钟。
将表层面糊稍拌匀（释出空气）后，在面团表面均匀涂抹。

9　入炉后喷蒸汽1次（3秒），3分钟后喷蒸汽1次，以上火220℃／下火180℃烤约23分钟。

191

柠檬脆皮香氛

面团里加入柠檬皮及葡萄果干，带出甜味及香气，
在面团表层均匀涂抹面糊，可有效防止表层干燥，
并且在烘烤后形成漂亮的裂纹，更带有薄酥香脆的口感。

基本工序

前置
制备葡萄菌水
慢速搅拌中种，冷藏发酵12小时
拌匀表层面糊，发酵90分钟

▼

搅拌
盐除外的材料A、中种慢速搅拌成团
加盐中速搅拌至光滑
加黄油慢速至完全扩展，加材料C拌匀
完成时面温25℃

▼

基础发酵
60分钟

▼

分割
180g，收合滚圆

▼

中间发酵
60分钟

▼

整形
整成圆形

▼

最后发酵
30分钟

▼

烘烤
涂抹面糊
前蒸汽、后蒸汽，
烤20分钟（230℃／180℃）

难易度 ★ ★ ★ ★

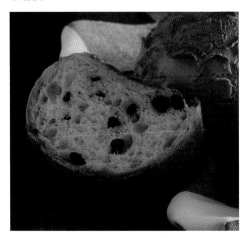

材料（约13个）

中种面团

高筋面粉——600g
速溶干酵母——6g
水——340g

表层面糊

籼米粉——130g
高筋面粉——25g
色拉油——25g
水——131g
细砂糖——15g
盐——5g
速溶干酵母7g

主面团

A 高筋面粉——400g
　　细砂糖——10g
　　盐——16g
　　水——350g
　　葡萄菌水——150g
　　速溶干酵母——2g
B 黄油——40g
C 冷冻柠檬皮——30g
　　葡萄干——300g

表层面糊

1
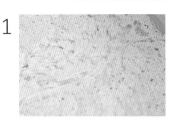

将速溶干酵母、水搅拌融化，加入色拉油拌匀，再加入剩余材料拌匀，静置发酵约90分钟。

中种面团

2 将所有材料慢速搅拌均匀成团，冷藏静置发酵约12小时。

搅拌混合

3

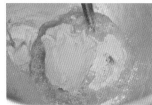

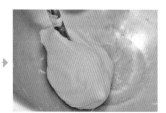

将中种面团、材料A（盐除外，葡萄菌水参见第32～33页）慢速搅拌成团，加入盐中速搅拌至表面光滑，加入黄油搅拌至面筋可完全扩展（可拉出均匀薄膜），加入材料C拌匀。完成时面温25℃。

基本发酵

4

将面团整理成圆滑状态，基本发酵约60分钟。

分割滚圆、中间发酵

5

将面团分割成180g×13个，将每个面团轻拍，往切口处收合，收合口置底滚圆，中间发酵约60分钟。

整形、最后发酵

6

将面团从己端向前对折，转向纵放再对折，轻拍，包起、拉整成圆球状，收合口朝下放置，最后发酵约30分钟。

▼

7

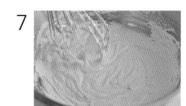

将表层面糊稍拌匀（释出空气）后，在面团表面均匀涂抹。

烘焙

8

入炉后喷蒸汽1次（3秒），3分钟后喷蒸汽1次，以上火230℃／下火180℃烤约20分钟。

表面的面糊经过瞬间的高温蒸汽烘烤会形成微微翻起的漂亮纹路。

普金南瓜堡

煮糖水自制蜜南瓜丁别有一番风味！
将南瓜的纤维与营养融合到面团中，
口感细致特别，绵密柔软香甜，
内里包覆的奶酪丁更进一步
柔顺了口感，美味加倍。

基本工序

前置
慢速搅拌中种，冷藏发酵12小时
制蜜渍南瓜丁

搅拌
盐除外的材料A、中种、部分南瓜丁
慢速搅拌
加盐快速搅拌至光滑
加黄油慢速至完全扩展，加南瓜丁拌匀
完成时面温25℃

基础发酵
60分钟

分割
340g，收合滚圆

中间发酵
30分钟

整形
拍长条，铺放乳酪丁，卷起整成圆形

最后发酵
40分钟

烘烤
洒高筋面粉，捏转小圆，切划刀印
前蒸汽、后蒸汽，
烤25分钟（210℃／170℃）

材料（约6颗）

中种面团

高筋面粉——700g
水——450g
速溶干酵母——2g

内馅

高熔点奶酪丁——360g

主面团

A　高筋面粉——300g
　　细砂糖——100g
　　盐——15g
　　速溶干酵母——10g
　　全蛋——100g
　　冰凉水——100g
B　黄油——80g
　　蜜渍南瓜丁——200g

中种面团

1

将中种面团所有材料搅拌均匀成团，冷藏静置发酵约12小时。

搅拌混合

2

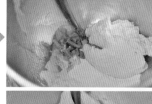

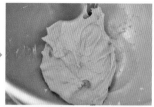

将中种面团、材料A（盐除外）、蜜渍南瓜丁（参见第38页）100g慢速搅拌成团，加入盐快速搅拌至表面光滑，加入黄油慢速搅拌均匀，加入剩余的南瓜丁100g，搅拌至面筋可完全扩展（可拉出均匀薄膜）。完成时面温25℃。

南瓜丁分成二阶段加入搅拌，可保有较佳的鲜黄色泽。

3

将面团整理成圆滑状态，基本
发酵约60分钟。

分割滚圆、中间发酵

4

将面团分割成340g×6个，往
切口处收合，收合口朝下滚
圆，中间发酵约30分钟。

整形、最后发酵

5

将面团轻拍成长条状，在表面
铺放高熔点乳酪丁30g，从前
端开始拉起两侧卷折，同时向
中间收拢，卷至底。

6

面团收合口朝上，中间放高熔
点乳酪丁30g，收起面团包覆
馅料，捏紧、整成圆球状。

7

面团收口朝下、放置烤盘上，
最后发酵约40分钟。
洒高筋面粉，在中心处捏起扭
转出小圆球作为南瓜蒂，再在
周围划切6刀。

烘焙

8　入炉后喷蒸汽1次（3秒），
3分钟后喷蒸汽1次，以上火
210℃／下火170℃烤约25分
钟。

英伦伯爵吐司

伯爵红茶的香气搭配葡萄干的香甜，合拍的美味组合。
内里柔软细致，茶香淡淡，清爽香甜，
以红糖代替砂糖提升风味，
由麦香、茶香、果干香组合成醇醇的风味。

难易度★★

材料（约8条，每条300g）

中种面团

高筋面粉——300g
速溶干酵母——1.2g
鲜奶——100g
水——100g

主面团

A 高筋面粉——700g
　　红糖——100g
　　盐——14g
　　速溶干酵母——10.8g
　　伯爵红茶粉——15g
　　冰凉水——240g
　　全蛋——100g
　　淡奶油——150g
B 黄油——80g
C 葡萄干——500g

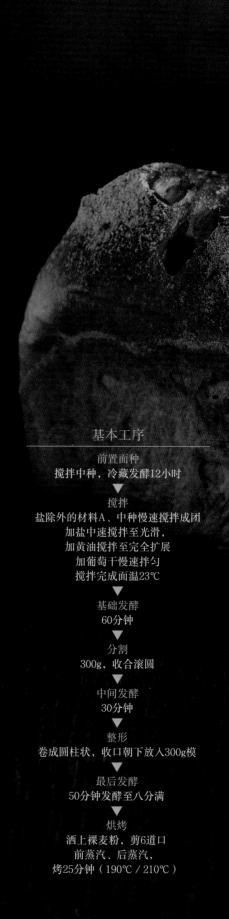

基本工序

前置面种
搅拌中种，冷藏发酵12小时
▽
搅拌
盐除外的材料A、中种慢速搅拌成团
加盐中速搅拌至光滑，
加黄油搅拌至完全扩展
加葡萄干慢速拌匀
搅拌完成面温23℃
▽
基础发酵
60分钟
▽
分割
300g，收合滚圆
▽
中间发酵
30分钟
▽
整形
卷成圆柱状，收口朝下放入300g模
▽
最后发酵
50分钟发酵至八分满
▽
烘烤
洒上裸麦粉，剪6道口
前蒸汽、后蒸汽，
烤25分钟（190℃／210℃）

1

将所有材料慢速搅拌成团，冷藏静置发酵约12小时。

搅拌混合

2

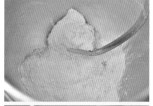

将中种面团、所有材料A（盐除外）慢速搅拌成团，加入盐中速搅拌至表面光滑，加入黄油慢速搅拌至面筋可完全扩展（可拉出均匀薄膜）。

3

加入材料C拌匀。完成时面温23℃。

伯爵红茶粉先与淡奶油、冰凉水浸泡至入味释出香气，再使用。葡萄干也可以浸泡红茶水后使用，风味更佳。

4

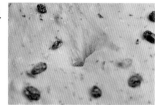

将面团整理成圆滑状态，基本发酵约60分钟。

分割滚圆、中间发酵

5

发酵前

发酵后

将面团分割成300g×8个，往切口处收合，收合口置底滚圆。中间发酵约30分钟。

6

将面团轻拍后对折，再拍压成长条状，翻面，已端延压薄，从前端卷折到底，再按压以保证密合，而后双手虎口按住两端稍搓揉。

7

面团收口朝下，放入300g吐司模中，最后发酵约50分钟，至八分满。

8

筛洒裸麦粉，剪6道口，呈闪电形。

烘焙

9　入炉后喷蒸汽1次（3秒），3分钟后喷蒸汽1次，以上火190℃／下火210℃烤约25分钟。

大地全麦吐司

搭配全麦种、葡萄种制作，
可维持湿润的口感，加强面团的香气。
外皮香脆，内部柔软，直接可以闻到小麦的自然芳香，
淡淡的麦香随咀嚼越来越香醇，
不论是直接食用，或作为三明治材料，都相当美味。

难易度★

材料（约2条，每条1200g*）

中种面团	主面团	
全麦种——500g	**A** 高筋面粉——1000g	
葡萄种——200g	细砂糖——80g	
	盐——18g	
	速溶干酵母——10g	
	冰凉水——550g	
	B 黄油——60g	

编者注：*请注意本产品采用的吐司模具为900g尺寸，并非标值接近单个产品重量的1200g吐司模。因为面团中的材料性质影响到面团的膨胀性，所以使用小一些的吐司模具以获得该有的面包质地。

基本工序

前置面种
全麦种、葡萄种
▼
搅拌
盐除外的材料A、全麦种、葡萄种慢速搅拌
加盐中速搅拌至光滑，
加黄油慢速搅拌至完全扩展
搅拌完成面温25℃
▼
基础发酵
45分钟
▼
分割
1200g，收合滚圆
▼
中间发酵
30分钟
▼
整形
拍平，卷成圆柱状，放入900g模
▼
最后发酵
60分钟发酵至7分满
▼
烘烤
洒上高筋面粉，纵向切一道口
前蒸汽、后蒸汽，
烤40分钟（200℃／230℃）

1

将葡萄种（参见第33页）、全麦种（参见第37页）及所有材料A（盐除外）慢速搅拌成团，加盐中速搅拌至表面光滑，加黄油慢速搅拌至面筋可完全扩展（可拉出均匀薄膜）。完成时面温25℃。

▼

基本发酵

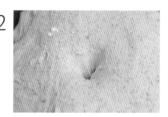

2

将面团整理成圆滑状态，基本发酵约45分钟。

分割滚圆、中间发酵

3

发酵前

发酵后

将面团分割成1200g×2个，轻拍，往切口处收合，收合口置底滚圆。中间发酵约30分钟。

整形、最后发酵

4 A

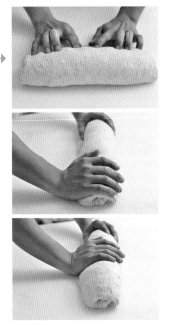

正向挤压整形法：将面团均匀轻拍成长片状，已端展平，从前端往下卷，成圆柱形，收口置于底，按压结实。

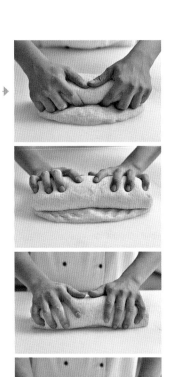

反向推卷整形法。将面团均匀轻拍成长片状，从已端往上卷，成圆柱形，卷的过程中让手指垫入面团造成一定空隙，最后面团收口置底，按压。

正向整形法，成型面团紧实，膨胀力强，面包体的口感较Q弹、有嚼劲；反向整形法，面团相对较蓬松，面包口感松软。

5

面团收口朝下，放入900g吐司模中，最后发酵约60分钟至七分满，洒上裸麦粉，在中间纵划一条直线。

烘焙

6

入炉后喷蒸汽1次（3秒），3分钟后喷蒸汽1次，以上火200℃／下火230℃烤约40分钟。

美味大变身！
面包餐美味吃法6款

欧式面包除了拿来单纯地吃以外，
花点心思，用简单的手法变化，也能让纯朴的风味变身为精致的餐点，
例如变成可以带着走的美味三明治，
变成豪华下午茶中的幸福甜点，
……

多种的简单变化，让你享受美味面包的无限乐趣！